国家水体污染控制与治理科技重大专项
重点流域水生态功能三级四级分区研究（2012ZX07501002-004）

东江流域鱼类图志

赵会宏　邓　利　刘全儒　郭冬生　江　源 **主编**

科学出版社

北京

内 容 简 介

本书是在实地调查与研究的基础上，结合历史资料撰写而成。调查和研究范围基本上涵盖江西、广东两省整个东江流域的主要干流、一级支流、部分二级支流和大型水库。本书共收录东江流域有历史记录的鱼类18目48科140属209种，包括淡水鱼类及河口区鱼类。全书主要内容由三部分构成，分别是东江流域概况、东江流域鱼类图谱和东江流域鱼类检索表，其中第二部分东江流域鱼类图谱中，每种鱼类词条包含彩色图片（少数为线描图）、中文名、拉丁学名、地方名（俗名）、英文名、同物异名、形态特征、地理分布及生活习性、易辨识特征（部分鱼类）、IUCN评估等级、标本采集地等内容，力图从多角度为读者展示东江流域鱼类的生物学习性、特征及鉴别依据。

本书可供水产养殖、水生生物学、鱼类资源开发与利用、生物多样性及环境保护等相关领域的人士参考，也可作为科普读物供鱼类爱好者阅读。

图书在版编目（CIP）数据

东江流域鱼类图志 / 赵会宏等主编. —北京：科学出版社，2017.1
ISBN 978-7-03-050249-0

Ⅰ. ①东⋯ Ⅱ. ①赵⋯ Ⅲ. ①东江－流域－鱼类资源－水产志－图集 Ⅳ. ① S922.6-64

中国版本图书馆 CIP 数据核字（2016）第244430号

责任编辑：马 俊 付 聪／责任校对：刘亚琦
责任印制：肖 兴／封面设计：刘新新／设计制作：金舵手世纪

科 学 出 版 社 出版
北京东黄城根北街16号
邮政编码：100717
http://www.sciencep.com
中国科学院印刷厂 印刷
科学出版社发行 各地新华书店经销

＊

2017 年 1 月第 一 版　开本：787×1092 1/16
2017 年 1 月第一次印刷　印张：16
字数：379 000

定价：180.00 元
（如有印装质量问题，我社负责调换）

　　东江发源于江西寻乌县的桠髻钵山，从源头至广东龙川县合河坝河段称寻乌水，至龙川县合河坝汇贝岭水后称东江，干流经龙川县、河源、紫金县、惠阳、博罗县、东莞等地，在东莞石龙镇流入珠江三角洲，经虎门汇入珠江后入海，全长 562km，集雨面积 35 340km²。从地理位置看，东江流域南临南海并毗邻香港，西南部是华南地区的经济中心广州，南部是经济特区深圳，西北部与粤北山区韶关和清远相接，东部与粤东梅州、汕头地区为邻，北部与赣南地区的安远相接。东江流域是广东重要的淡水渔业区域之一，蕴藏着丰富的鱼类资源。

　　自 20 世纪 80 年代以来，相继有专家和学者对东江流域的鱼类资源进行调查或资料整理，重要的有叶富良等（1991），调查时间 1981～1983 年；邹多录（1988），调查时间 1983～1984 年；郭治之和刘瑞兰（1995），调查时间 1982～1990 年；高文峰（2010），调查时间 2005～2007 年；李本旺等（2011），调查时间 2005～2009 年；潘炯华（1991），调查时间 1985～1987 年；谭细畅等（2012），调查时间 2010 年；刘毅等（2011），调查时间 2007～2010 年；李桂峰等（2012），调查时间 2005～2009 年；林小涛和张洁（2013），调查时间 2009～2012 年。将这些调查资料累积起来，显示东江流域共出现鱼类 260 余种。当然也不排除有一些物种是偶尔出现的。近年来由于社会与经济发展，东江流域水环境不断恶化，渔业资源无论数量还是多样性均呈明显衰减趋势。

　　在国家水体污染控制与治理科技重大专项课题"重点流域水生态功能一级二级分区研究"课题（2008ZX07526-002-04）和"重点流域水生态功能三级四级分区研究"课题（2012ZX07501002-004）的资助下，编者分别于 2009～2010 年和 2013～2015 年调查了东江鱼类资源现状。采用围网具（刺网、拉网等）收集鱼类标本，结合走访、调研、问卷调查等方式，经整理、鉴定、分析获得东江鱼类资源调查结果。调查结果表明，东江鱼类分布有极端化趋势，上游渔业资源较为丰富，下游受多种因素影响，鱼类种类显著下降。同时，我们依据项目组编制的《鱼类标本图像数据采集技术规范》，采用高像素数码相机现场采集鱼类标本主要形态特征（包括整体形态及局部分类特征细节），按照规范要求出图并完成了鱼类图谱的编撰，经完善后形成了本图志。

　　本图志共收录东江流域鱼类 18 目 48 科 140 属 209 种，包括淡水鱼类和过河口鱼类，这些鱼类基本上为《广东淡水鱼类志》（1991）、《珠江鱼类志》（1989）中东江流域有记录的种类。

　　本书是在多年工作积累的基础上，参考其他学者的研究成果编著而成。书中的鱼类分类系统采用了拉斯系统；鱼类的名称主要依据《中国动物志》，部分鱼类学名根据 Fishbase 的最新记录变化，做出了注释。同时标注了鱼类地方名、英文名（参考 Fishbase）和同物异名。部分鱼类照片采用高清晰度照片加色谱标尺的方式展示，除常规侧面照片外，还增加了局部特征的特写照片，另有部分种类以活体生态照片的形式呈现，对增加鱼类辨识度大有裨益。一些种类在东江流域有历史分布记录，但调查时仍未获得标本及照片资料，我们采用了手绘的方式来展示，以便使本图志收载的种类尽可能的完整。对于某些历史上曾经记载过的种类，如存在争议或存疑的，本图志暂未收载。图片中的一些字母 D、P、V 及 A 分别表示背鳍（Dorsal fin）、胸鳍（Pectoral fin）、腹鳍（Pelvic fin）及臀鳍（Anal fin）。

本图志由赵会宏、邓利、刘全儒、郭冬生、江源主编而成，参加编写和野外调查工作的还有张永夏、李荔、周行、谢堂晖、杨宪宽、陈奕彬、刘丽杰、胡娟、钟煜、吕晴霁、戴远棠、孟世勇、赵鸣飞、熊兴、王博、任斐鹏、戴诚、李乐兴、李明轩、黄惠新等。书中的线描图均由石月莹、刘全儒绘制。全书由赵会宏、刘全儒统编定稿。

本图志的出版凝聚了所有参加编写和调查人员的辛勤劳动和贡献，一些图片和资料，来自于广东省科学技术厅与广东省海洋与渔业局联合发起的广东淡水鱼类资源调查（2005）和国家公益性行业（农业）科技专项"珠江及其河口渔业资源评价和增殖养护技术研究与示范"资助的调查，在此谨向参与本研究工作的专家、学者和研究生、为本研究提供过帮助和指导的朋友和同事，以及对本研究给予关心和支持的单位和个人表示衷心的感谢！

本图志的写作和出版得到了国家水体污染控制与治理科技重大专项"重点流域水生态功能三级四级分区研究"课题（2012ZX07501002-004）的资助。

限于我们的能力和水平有限，书中的错误和不足之处在所难免，恳请广大读者批评指正。

编　者

2016 年 6 月

目 录

第一章

东江流域概况

一、自然地理

东江流域位于珠江三角洲的东北端,南临南海并毗邻香港,西南部紧靠华南最大的经济中心广州,西北部与粤北山区韶关和清远两市相接,东部与粤东梅汕地区为邻,北部与赣南地区的安远相接。东江流域在广东省境内涉及河源、惠州、东莞、深圳、韶关、梅州和广州的增城区。东江流域北部山区最广,统称九连山脉,其南端一段为粤赣两省天然边界,主峰在连平县东,高程约1300m。此外,连平县东南部尚有科罗笔山与复船山,高程均在1000m以上。南部山脉分列在东江两岸,右岸有自河源西南部的桂山(高程约1256m)至博罗的罗浮山(高程约1280m)成一长列,走向为西北至东南。左岸则分两列,一为介于西枝江与海丰县独立出海的黄江之间的莲花山、茅山顶,均高达1336m,为流域中广东省境内的最高山峰;二为西枝江与秋香江的分水岭,高度稍低,亦高达1000m以上,如1186m的鸟禽山、1125m的鸡笼山,走向均为东北至西南。至于东江与梅江的分水岭反而不高,越岭山道宽广平坦。

东江流域地势北高南低,北部和中部为丘陵山地,南部为东江三角洲、低洼地、缓坡地和沿江平原。流域以平原和低山丘陵为主,平原(海拔 < 200m)、低山丘陵(海拔200~500m)和山地(海拔 > 500m)面积分别占流域总面积的50.9%、36.37%和12.73%。

二、水文特征

东江发源于江西寻乌县的桠髻钵山,从源头至广东龙川县合河坝河段称寻乌水,至龙川合河坝汇贝岭水后称东江,干流流经龙川县、河源、紫金县、惠阳、博罗县、东莞等地,在东莞石龙镇分为南、北两大干流进入珠江三角洲河网区。东江北干流长约38km,在广州增城区的禺东联围入狮子洋。东江南干流(亦称东莞水道)长约45km。南、北干流之间分布有麻涌水道、倒运海水道、中堂水道、洪屋涡水道、大汾北水道、厚街水道等,相互交错的所有河网区水道均注入狮子洋经虎门出海。东江干流全长562km,流域总面积 35 340km²。其中江西境内，干流寻乌水主干河长 138km，汇水面积 2700km²，支流贝岭水主干河长 141km，汇水面积 2390km²。

东江流域内汇水面积大于 1000km² 的河流有 11 条，其中，干流的一级支流有 6 条（贝岭水、浰江、新丰江、秋香江、公庄河、西枝江），干流的二级支流有 2 条（船塘河、淡水河），三角洲的一级支流有 1 条（增江）。流域内汇水面积大于 100km² 的河流有 90 余条。东江主要水系示意图见图 1-1。

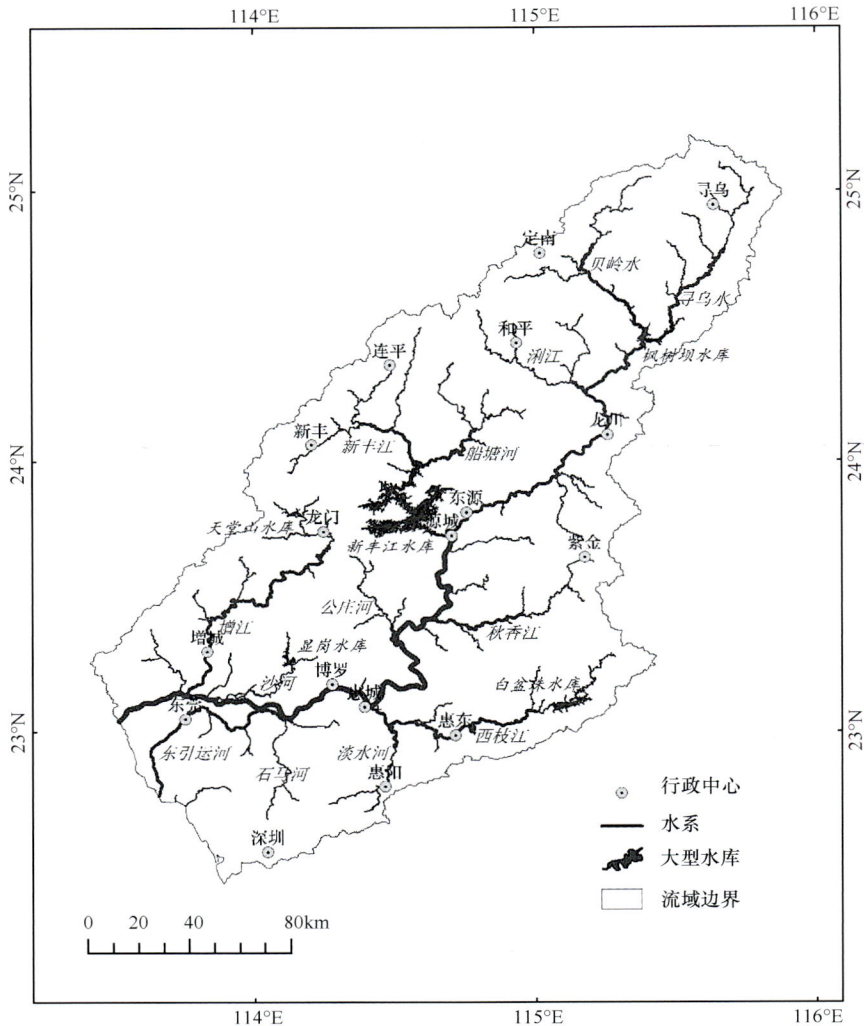

图 1-1　东江主要水系示意图

东江流域在广东省境内有 7000 多座蓄水工程，总集雨面积为 12 496km²，占东江流域总面积的 35.36%，总库容 174.28 亿 m³，其中大型水库 5 座，分别是新丰江水库、枫树坝水库、白盆珠水库、天堂山水库、显岗水库。

东江干流的梯级开发共规划为 14 个梯级水电站，从河源龙川到东莞石龙，除建于 1978 年的枫树坝电站外，14 座水电站由上游往下分别是：龙潭、稳坑、罗营口、苏雷坝、枕头寨、蓝口、白泥塘、黄田、木京、风光、沥口、下矾角、剑潭和石龙。

上游罗营口水电站位于和平县东水镇罗营村下游老虎口峡谷处，该河段年平均流量 793m³/s，汇水面积大，水量充沛，流量稳定。水电站正常蓄水位为 77m。中游河源风光（横圳）水利枢纽位于河源市境内，坝址右岸为河源源城区源南镇，左岸为河源紫金县临江镇，处于新丰江与东江交汇处下游，距河源市区约 11.3km，控制汇水面积 16 304km²。水库正常水位为 34.2m，相应库容为 0.44×10⁸m³。下游剑潭水利枢纽位于东江下游惠州城区与博罗县城之间的东江河段，上距惠州惠城区 9.4km，于 2007 年完工，是目前东江出海前的最后一个水利枢纽。

三、东江流域鱼类资源历史研究概况

关于东江鱼类，在史籍上早有记载。清代乾隆二十八年（1763 年）的《博罗县志》中记载有鲋、马鱼、鳞鲤、鲫、赤眼鳟、鲩、鳊、鲈、金鲤、斑鱼、七星、山花、鲇、鳅、鲢、鳙、鳗、凤尾、塘虱、蓝刀和比目等 20 余种鱼类。然而，至新中国成立前，对东江鱼类只有一些零星报道，例如，Here（1932）记载了东江 12 种鱼类；Lin（1934）发表的"广东淡水鱼类三新种"的采集地为东江。新中国成立后，中国科学院华南热带生物资源综合考察队于 1959 年对东江淡水鱼类做了调查，报道有 50 多种鱼类。郑慈英和陈宜瑜（1980）报道东江平鳍鳅科鱼类 5 种，其中新种 1 种、新亚种 1 种。根据 1981~1983 年的调查结果，不计外来物种，东江水系有鱼类 166 种，其中河口鱼类 55 种，纯淡水鱼类 111 种（潘炯华，1991；叶富良等，1991）。邹多录（1988）报道寻乌水江西境内有鱼类 49 种，隶属于 6 目 14 科 31 属，其中鲤科鱼类最多，计 25 种，约占总数的 51%；其次为平鳍鳅科，计 5 种，约占总数的 10.2%；鲤科鱼类中又以鲃亚科鱼类最多，计 9 种，约占鲤科鱼类的 36%。叶富良等（1991）对东江鱼类的现状做了调查，结果显示，东江鱼类共计 125 种，分属于 11 目 25 科，其中鲱形目 2 科 3 种，鲑形目 1 科 1 种，鳗鲡目 1 科 1 种，鲤形目 3 科 80 种，鲇形目 4 科 13 种，鳉形目 2 科 2 种，颌针鱼目 1 科 1 种，合鳃目 1 科 1 种，鲈形目 7 科 20 种，鲽形目 2 科 2 种，纯形目 1 科 1 种。在数量比例上鲤科鱼类最多，有 63 种，占东江鱼类总数的 50.4%，构成了东江鱼类的基础；其次为鳅科 10 种，占 8.0%；平鳍鳅科 8 种，占 6.4%；鳠科 8 种，占 6.4%；虾虎鱼科 7 种，占 5.6%；鮨科 4 种，占 3.2%；塘鳢科 4 种，占 3.2%；其他鱼类 21 种。

叶富良等（1991）研究认为，东江鱼类分布有以下几个特点。①东江干流和支流的上游纵坡大，水流急，主要分布有平鳍鳅科、鲃亚科、野鲮亚科鱼类；主河道和一级支流的中、下游主要栖居鳊亚科、雅罗鱼亚科、鳠科和鲇科等河道性鱼类；中游、上游的砂砾底，是鮈亚科和鳅科鱼类的主要栖息地；鲌亚科、鳑鲏亚科、虾虎鱼科、塘鳢科等小型鱼类主要分布在小支流内。②由于在干流的上游和主要支流修筑拦河坝和水库，一些半洄游性鱼类（如青鱼、草鱼、鲢、鳙、鳡等）的生殖洄游通道被阻隔，资源遭到破坏，而生殖要求不高的鱼类［如黄尾鲴、餐条（鳘）、赤眼鳟、鲤、鲫等］成为优势种群，构成东江渔业生产的主体。在大型水库（如新丰江水库）内，由于水文、生态环境的改变，海南鲌大量繁殖，大眼鳜数量上升，成为重要渔业对象。③东江的下游受潮水影响较大，因此过去分布了一些咸淡水鱼类，如乌塘鳢、鳗虾虎鱼、三线舌鳎、花鲆、弓斑东方鲀等。历史上东江盛产洄游性、半洄游性鱼类（如鲥、花鰶、七丝鲚和四大家鱼等），每年4~6月，鲥、花鰶溯河洄游至新丰江形成鱼汛。1960年以后，东江下游8个河口中有5个陆续修建了防咸潮水闸，干流和支流也兴建了新丰江水库等水利工程，鲥、花鰶的数量大大减少。近年来，东江的鱼类资源状况颇受关注，各个江段的鱼类群落结构都发生了一定的变化，根据我们2007年的调查研究（赵会宏等，2007），上游采集到的种类达49种，中下游达98种，其中明显变化是洄游性种类（如三线舌鳎、弓斑东方鲀、鳗鲡、花鰶、七丝鲚等）数量减少。谭细畅等（2012）报道，东江鱼类产卵场功能极度退化，不仅鱼类产卵规模已明显下降，而且东江古竹江段鱼苗中洄游性种类缺失，东江龙川江段原有的四大家鱼产卵场消失。

东江流域是广东重要的淡水渔业区域之一。据20世纪80年代有关资源调查显示，东江的主要经济鱼类有37种，包括鲥、花鰶、七丝鲚、银鱼、鳗鲡、青鱼、草鱼、鳡、鳊、赤眼鳟、海南鲌、广东鲂、鳊、黄尾鲴、光倒刺鲃、倒刺鲃、南方白甲鱼、小口白甲鱼、瓣结鱼、鲮等。近年来，由于社会与经济发展，东江水资源环境不断恶化，渔业资源无论数量还是多样性均呈明显衰减趋势，根据此次调查结果显示，东江鱼类分布有极端化趋势，上游渔业资源较为丰富，下游鱼类种类显著下降。大坝建设、水体污染、过度捕捞等是影响东江下游河段鱼类群落变动的重要因素。此外，该河段内存在规模化无序挖沙作业，导致河床结构受损，礁石、砂砾、水草等有利鱼类栖息和繁殖的物质条件减少，继而对该河段鱼类群落组成及多样性造成负面影响。

四、东江流域鱼类区系及资源变迁情况概述

本图志记述的鱼类共209种（亚种），隶属于18目48科。其中，淡水鱼类158种，洄游性鱼类5种（有溯河回游的七丝鲚、白肌银鱼、暗纹东方鲀，降河洄游的日本鳗鲡、花鳗鲡），其余46种为常见的河口或偶尔进入河口的海水鱼类。现以纯淡水鱼类为对象，对东江鱼类的分布和区系及历史变迁做初步的分析与讨论。

分布于东江的158种淡水鱼类中，鲤形目鱼类有102种，约占64.6%；鲇形目18种，约占11.4%；这两个类缘关系接近的目所组成的世界淡水鱼中最大的类群——骨鳔鱼类，约占东江淡水鱼类的75.9%。在鲤形目中，又以鲤科为主，占第一位，共有79种，占淡

水鱼类的 50.0%。这也是东亚淡水鱼类区系组成的共同特点之一。

东江水系的鲤科鱼类，包括了鲤科 12 个亚科中的 11 个，仅缺少分布于高原的裂腹鱼亚科。其中，鲌亚科 6 属 6 种，约占东江淡水鱼类的 3.8%；雅罗鱼亚科 7 属 7 种，约占东江淡水鱼类的 4.4%；鲃亚科 10 属 15 种，约占东江淡水鱼类的 9.5%；鲷亚科 1 属 3 种，约占东江淡水鱼类的 1.9%；鳡鲌亚科 2 属 7 种，约占东江淡水鱼类的 4.4%；鲃亚科 5 属 10 种，约占东江淡水鱼类的 6.3%；野鲮亚科 5 属 6 种，约占东江淡水鱼类的 3.8%；鮈亚科 11 属 19 种，约占东江淡水鱼类的 12.0%；鲤亚科 3 属 3 种，约占东江淡水鱼类的 1.9%；鳅鮀亚科 1 属 1 种，约占东江淡水鱼类的 0.6%；鲢亚科 2 属 2 种，约占东江淡水鱼类的 1.3%。与长江水系相比，鳅鮀亚科、鲷亚科所占比例有所下降，鲃亚科、鲌亚科的种类数量则有所上升，体现了东江鲤科淡水鱼类在我国从南到北的过渡性特点。东江淡水鱼类数量占第二位的是平鳍鳅科，有 7 属 12 种，约占东江淡水鱼类的 7.6%。其次是鳅科，有 8 属 11 种，约占东江淡水鱼类的 7.0%。

鲤科鱼类类群组成的演替和平鳍鳅科鱼类数量的上升，与东江水系气候和水文等自然条件密不可分。东江流域气候温暖湿润，适合广温性鱼类的生长。这使得原始的广温性鲤科鱼类（如鲃亚科和鲌亚科）得以在此繁衍。

我们将东江鱼类资源历史及区系变化按时间轴进行总结，通过历史数据比对分析，按分类单元对本流域鱼类区系变化及历史演变做出扼要的叙述和总结。

（一）鲟形目

由于规模化人工养殖，2000 年后已在自然水体中发现匙吻鲟（李桂峰等，2012）。

（二）雀鳝目

斑点雀鳝在我国主要作为观赏鱼饲养，但由于生长速度快，常因体型大而被随意放生（李桂峰等，2012）。

（三）鲱形目

鲱科中鲥属濒危保护动物，1991 年以后无调查记录。已被列入《中国濒危动物红皮书》保护物种。斑鰶、花鰶、黄鲫在 20 世纪 80 年代前后于东江干流中、下游有分布，之后黄鲫一直未出现于调查记录中；花鰶只在虎门、沙田等河口区域有分布，且数量较少。

（四）鲑形目

陈氏新银鱼属中国特有物种，2012 年前没有文献记载，主要出现于水库一带（枫树坝水库、新丰江水库）及东江干流河源段。

（五）鳗鲡目

海鳗仅在 2000 年之后于东莞虎门有调查记录（李本旺等，2011）。日本鳗鲡在 1985 年以前数量丰富，之后由于过度捕捞，数量开始下降，目前属濒危保护动物，已被世界自然保护联盟（IUCN）列入濒危（Endangered，EN）物种。

（六）鲤形目

1. 鲤科。鯮、小口白甲鱼均属濒危保护物种，目前已被列入《中国濒危动物红皮书》濒危等级，自1991年起，整个流域均无调查记录，可能由于过度捕捞及食物短缺导致。粗须铲颌鱼自20世纪90年代以后在东江流域一直没有记录。

鲤科鱼类中有许多特有物种，包括鲌亚科的唐鱼、拟细鲫，鲃亚科的南方拟䰾、三角鲂、半䰾、伍氏半䰾、线细鳊、台细鳊、寡鳞飘鱼，鲴亚科的细鳞鲴、圆吻鲴，鳑鲏亚科的短须鱊，鲃亚科的东南光唇鱼（台湾光唇鱼）、侧条光唇鱼、北江光唇鱼（广东特有）、半刺光唇鱼、薄颌光唇鱼、粗须铲颌鱼，鮈亚科的四须盘鮈（广东、广西特有）、胡鮈、小鳔鮈属鱼类，以及鳅鮀亚科的南方长须鳅鮀。总体上，这些特有鱼类的群体数量演变趋势为：① 1990年前数量丰富，之后开始下降，捕获量减少，群体数量退缩；②鱼类群体在东江干支流均有分布。

丁鱥、团头鲂、麦瑞加拉鲮、露斯塔野鲮属引入物种，于21世纪之后开始出现于东江流域。其中，前两种多见于河源、东莞一带，后两种常见于流域中下游一带，且分布范围较广。

鲤科其他种类总体上呈现分布范围广，数量分布均匀等特点。2000年以后东江流域中下游鲌属鱼类开始有调查记录，可能是由于珠江水系鱼类的洄游、地理隔离被打破及食物链形成所致。海南拟䰾、大鳍刺鳑鲏、台湾铲颌鱼、长棒花鱼、乐山棒花鱼、须鲫于1995年之后极少出现捕捞和调查记录（郭治之和刘瑞兰，1995），说明上述种类资源量持续下降。根据历史数据及调查结果发现，鲃亚科的大眼近红鲌、三角鲂（即广东鲂），鳑鲏亚科的大鳍鱊、越南鱊、彩副鱊、革条副鱊，鲃亚科的倒刺鲃、窄条光唇鱼、细身白甲鱼，以及鮈亚科的间鳠、花棘鳠、暗纹银鮈和点纹银鮈，在2000年前无调查记录，其演变过程可能与前文所述鲌属鱼类相似。鲤科中的青鱼、草鱼、赤眼鳟、鳊、鲤、鲢、鳙等种类，由于生殖要求低、繁殖快、食物丰富及增殖放流等原因，在东江分布范围广，捕捞量稳定，群体数量分布均匀，历史存在连续。

2. 鳅科的美丽小条鳅、平头岭鳅、壮体沙鳅、美丽沙鳅及沙花鳅属于中国特有物种，其中，平头岭鳅、沙花鳅数量极少。大鳞副泥鳅目前仅发现于东江源头。其他物种，如泥鳅、横纹条鳅、中华花鳅等，分布范围广，时间分布连续，数量保持稳定。

3. 平鳍鳅科的广西华平鳅，腹吸鳅科的拟平鳅、平舟原缨口鳅、中华原吸鳅、丁氏缨口鳅、方氏拟腹吸鳅、花斑拟腹吸鳅、麦氏拟腹吸鳅、细尾贵州爬岩鳅皆为中国特有物种。其中，平舟原缨口鳅、方氏拟腹吸鳅及花斑拟腹吸鳅主要见于东江源头区和干流。

（七）脂鲤目

短盖肥脂鲤属引入物种，由于该物种引入时间较晚，于2005年开始出现在东江的中下游一带（李本旺等，2011）。

（八）鲇形目

此目中的下口鲇、革胡子鲇属外来物种，于 2005 年之后开始出现于东江中、下游及河口一带。长臀鮠科的珠江长臀鮠，鲿科的瓦氏黄颡鱼、中间黄颡鱼、粗唇鮠、三线拟鲿、长脂拟鲿及大鳍鳠属中国特有种。粗唇鮠、三线拟鲿及白线纹胸鮡在 20 世纪 90 年代后鲜有调查记录，可能与生活区域的山涧溪流和底层环境的破坏相关。珠江长臀鮠、中间黄颡鱼、长脂拟鲿与条纹鮠的历史演变相似，其分布区域较窄，仅见于干流及源头一带。

潘炯华（1991）报道了鳗鲇，笔者 2015 年也采集到鳗鲇。黄颡鱼、瓦氏黄颡鱼、纵带鮠、福建纹胸鮡在东江分布广，虽然数量有所下降，但连续存在。

（九）鳉形目

此目中的中华青鳉属濒危保护物种，被 IUCN 列入易危（Vulnerable，VU）物种。青鳉在 20 世纪 90 年代后鲜有调查记录，可能是表层静水环境或环流沟渠破坏导致的。食蚊鱼属引进物种，由于本江段食物丰富，适宜其生长和繁殖，因此数量多。

（十）银汉鱼目

此目中的白氏银汉鱼于 20 世纪 90 年代后一直没有调查记录。

（十一）颌针鱼目

东江流域河口水体污染程度加剧，导致耐污染能力较差的乔氏吻鱵、间下鱵、缘下鱵数量骤降。

（十二）鲻形目

此目中的粗鳞鲛、四指马鲅在 20 世纪 90 年代后本流域已无调查记录；大鳞鲛于 2005 年开始在东江流域出现调查记录。

（十三）合鳃鱼目

此目中的黄鳝属底栖鱼类，有强大的钻穴能力，生存能力强，历史分布范围广，数量稳定。

（十四）鲈形目

1. 此目的黄唇鱼被列入 IUCN 极危（Critically Endangered，CR）物种，属国家二级保护动物。黄唇鱼仅见于东莞虎门河口，1991 年后近 15 年无捕捞记录，2005～2008 年偶有调查记录。目前广东已建立"东莞市黄唇鱼救护基地"。子陵吻虾虎鱼、斑鳢、月鳢目前数量虽有所下降，但分布范围较广，历史群体存在连续。

2. 中国少鳞鳜、海丰沙塘鳢、溪吻虾虎鱼属中国特有种类。

3. 莫桑比克口孵非鲫、尼罗口孵非鲫皆为 2000 年以后出现在东江流域的外来物种（高文峰，2010；李本旺等，2011；李桂峰等，2012）。其中，尼罗口孵非鲫因食性范围广，繁殖能力强，数量增长快，在东江流域上、中、下游均有分布。

4. 沙塘鳢科的乌塘鳢、尖头塘鳢、沙塘鳢、侧扁黄黝鱼分布仅见于中、下游部分区域及河口一带。褐塘鳢、黑体塘鳢及萨氏华黝鱼仅分布于秋香江及西枝江段。

5. 虾虎鱼科大部分属小型鱼类，栖息于河口咸淡水水域及沿海滩涂区。其中，调查记录较少的种类有：拉氏狼牙虾虎鱼、孔虾虎鱼、鲻虾虎鱼、粘皮鲻虾虎鱼、斑纹舌虾虎鱼、舌虾虎鱼及褐栉虾虎鱼和李氏虾虎鱼。

6. 斗鱼科的斗鱼、攀鲈科的攀鲈、刺鳅科的大刺鳅属本流域常见鱼类，分布广，数量稳定。

（十五）鲽形目

冠鲽、中华舌鳎20世纪90年代后在东江流域无调查记录。三线舌鳎目前仅见于虎门、沙田一带。

本图志收录18目48科140属209种鱼类。名录及历史分布地点见表1-1。

表 1-1　东江鱼类名录及其历史分布

序号	鱼类名称		分类地位		分布地点									
					寻乌水	定南水	枫树坝水库	龙川	河源	新丰江水库	秋香江及西枝江	蓝田河	上义水	东莞
1	匙吻鲟△	*Polyodon spathula*	匙吻鲟科	匙吻鲟属			+							
2	花鰶	*Clupanodon thrissa*	鲱科	鰶属										+
3	鲥	*Tenualosa reevesii*	鲱科	鲥属										⊕
4	中颌棱鳀	*Thryssa mystax*	鳀科	棱鳀属										+
5	七丝鲚	*Coilia grayii*	鳀科	鲚属										+
6	白肌银鱼	*Leucosoma chinensis*	银鱼科	白肌银鱼属										+
7	居氏银鱼	*Salanx cuvieri*	银鱼科	银鱼属										+
8	陈氏新银鱼	*Neosalanx tangkahkeii*	银鱼科	新银鱼属			+		+					
9	日本鳗鲡	*Anguilla japonica*	鳗鲡科	鳗鲡属										+
10	花鳗鲡	*Anguilla marmorata*	鳗鲡科	鳗鲡属										+
11	南方波鱼	*Rasbora steineri*	鲤科	波鱼属	+	+								
12	异鱲	*Parazacco spihurus*	鲤科	异鱲属	+	+		+						
13	宽鳍鱲	*Zacco platypus*	鲤科	鱲属	+	+	+	+						
14	马口鱼	*Opsariichthys bidens*	鲤科	马口鱼属	+									
15	唐鱼	*Tanichthys albonubes*	鲤科	唐鱼属										+
16	拟细鲫	*Nicholsicypris normalis*	鲤科	拟细鲫属					+		+	+	+	

续表

序号	鱼类名称		分类地位		分布地点									
					寻乌水	定南水	枫树坝水库	龙川	河源	新丰江水库	秋香江及西枝江	蓝田河	上义水	东莞
17	青鱼	*Mylopharyngodon piceus*	鲤科	青鱼属			+	+		+	+			
18	鯮	*Luciobrama macrocephalus*	鲤科	鯮属			⊕							
19	草鱼	*Ctenopharyngodon idella*	鲤科	草鱼属			+	+		+	+		+	+
20	赤眼鳟	*Squaliobarbus curriculus*	鲤科	赤眼鳟属			+	+		+	++		+	
21	鳡	*Ochetobius elongatus*	鲤科	鳡属			+			+				
22	鱤	*Elopichthys bambusa*	鲤科	鱤属			+							
23	丁鲅△	*Tinca tinca*	鲤科	丁鲅属			+		+					
24	海南鲌	*Culter recurviceps*	鲤科	鲌属			+			+	+	+	+	
25	翘嘴鲌	*Culter alburnus*	鲤科	鲌属			+	+		+	+			
26	蒙古鲌	*Culter mongolicus*	鲤科	鲌属										
27	南方拟鳘	*Pseudohemiculter dispar*	鲤科	拟鳘属			+	+		+	+		+	
28	鲂	*Megalobrama skolkovii*	鲤科	鲂属			+							
29	三角鲂	*Megalobrama terminalis*	鲤科	鲂属			+			+	+		+	
30	海南华鳊	*Sinibrama melrosei*	鲤科	华鳊属						+				
31	伍氏半鳘	*Hemiculterella wui*	鲤科	半鳘属			+			+				
32	鳊	*Parabramis pekinensis*	鲤科	鳊属			+	+		+				
33	海南似鲚	*Toxabramis houdemeri*	鲤科	似鲚属						+				
34	台细鳊	*Metzia formosae*	鲤科	细鳊属							+			
35	线细鳊	*Metzia lineata*	鲤科	细鳊属							+			
36	鳘	*Hemiculter leucisculus*	鲤科	鳘属			+	+	+	+	++ +	+	+	
37	飘鱼	*Pseudolaubuca sinensis*	鲤科	飘鱼属						+				
38	寡鳞飘鱼	*Pseudolaubuca engraulis*	鲤科	飘鱼属						+				
39	银鲴	*Xenocypris macrolepis*	鲤科	鲴属			+							
40	细鳞鲴	*Xenocypris microlepis*	鲤科	鲴属						+				

续表

序号	鱼类名称	学名	分类地位		分布地点										
					寻乌水	定南水	枫树坝水库	龙川	河源	新丰江水库	秋香江	西枝江	蓝田河	上义水	东莞
41	黄尾鲴	*Xenocypris davidi*	鲤科	鲴属					+	+			+		
42	中华鳑鲏	*Rhodeus sinensis*	鲤科	鳑鲏属								+			
43	高体鳑鲏	*Rhodeus ocellatus*	鲤科	鳑鲏属						+	+	+	+	+	
44	彩石鳑鲏	*Rhodeus lighti*	鲤科	鳑鲏属								+		+	
45	短须鱊	*Acheilognathus barbatulus*	鲤科	鱊属						+		+			
46	越南鱊	*Acheilognathus tonkinensis*	鲤科	鱊属							++				
47	兴凯鱊	*Acheilognathus chankaensis*	鲤科	鱊属								+			
48	大鳍鱊	*Acheilognathus macropterus*	鲤科	鱊属					+						
49	条纹小鲃	*Puntius semifasciolatus*	鲤科	小鲃属				+				+		+	
50	光倒刺鲃	*Spinibarbus hollandi*	鲤科	倒刺鲃属				+	+						
51	侧条光唇鱼	*Acrossocheilus parallens*	鲤科	光唇鱼属		++									
52	北江光唇鱼	*Acrossocheilus beijiangensis*	鲤科	光唇鱼属				+							
53	厚唇光唇鱼	*Acrossocheilus paradoxus*	鲤科	光唇鱼属	+	+									
54	粗须白甲鱼	*Onychostoma barbatum*	鲤科	白甲鱼属					⊕						
55	台湾白甲鱼	*Onychostoma barbatulum*	鲤科	白甲鱼属					⊕						
56	小口白甲鱼	*Onychostoma lini*	鲤科	白甲鱼属					⊕						
57	南方白甲鱼	*Onychostoma gerlachi*	鲤科	白甲鱼属				+							
58	瓣结鱼	*Folifer brevifilis*	鲤科	瓣结鱼属				+			+				
59	纹唇鱼	*Osteochilus salsburyi*	鲤科	纹唇鱼属											++
60	露斯塔野鲮△	*Labeo rohita*	鲤科	野鲮属					+						
61	麦瑞加拉鲮△	*Cirrhinus cirrhosus*	鲤科	鲮属					+						

续表

序号	鱼类名称		分类地位		分布地点									
					寻乌水	定南水	枫树坝水库	龙川	河源	新丰江水库	秋香江及西枝江	蓝田河	上义水	东莞
62	鲮	*Cirrhina molitorella*	鲤科	鲮属			+	+	+	+	+	+	+	
63	东方墨头鱼	*Garra orientalis*	鲤科	墨头鱼属				+	+		+++	+		
64	四须盘鮈	*Discogobio tetrabarbatus*	鲤科	盘鮈属					+					
65	间餶	*Hemibarbus medius*	鲤科	餶属					+					
66	花棘餶	*Hemibarbus umbrifer*	鲤科	餶属					+					
67	唇餶	*Hemibarbus labeo*	鲤科	餶属					+					
68	长吻餶	*Hemibarbus longirostris*	鲤科	餶属							⊕			
69	麦穗鱼	*Pseudorasbora parva*	鲤科	麦穗鱼属					+	+	+	+		
70	华鳈	*Sarcocheilichthys sinensis sinensis*	鲤科	鳈属			+							
71	黑鳍鳈	*Sarcocheilichthys nigripinnis nigripinnis*	鲤科	鳈属					+	+	+++	+	+	
72	小鳈	*Sarcocheilichthys parvus*	鲤科	鳈属					+					
73	银鮈	*Squalidus argentatus*	鲤科	银鮈属				+	+	+	+++			
74	胡鮈	*Huigobio chenhsienensis*	鲤科	胡鮈属				+	+					
75	棒花鱼	*Abbottina rivularis*	鲤科	棒花鱼属					+	+	++	+	+	
76	乐山小鳔鮈	*Microphysogobio kiatingensis*	鲤科	小鳔鮈属							+			
77	嘉积小鳔鮈	*Microphysogobio kachekensis*	鲤科	小鳔鮈属							+			
78	福建小鳔鮈	*Microphysogobio fukiensis*	鲤科	小鳔鮈属						+				
79	长体小鳔鮈	*Microphysogobio elongata*	鲤科	小鳔鮈属					⊕					
80	似鲮小鳔鮈	*Microphysogobio labeoides*	鲤科	小鳔鮈属					⊕					
81	似鮈	*Pseudogobio vaillanti*	鲤科	似鮈属				+	+	+	+	+	+	

序号	鱼类名称		分类地位		分布地点									
					寻乌水	定南水	枫树坝水库	龙川	河源	新丰江水库	秋香江及枝西江	蓝田河	上义水	东莞
82	蛇鮈	*Saurogobio dabryi*	鲤科	蛇鮈属				+	+		++			
83	吻鮈	*Rhinogobio typus*	鲤科	吻鮈属					+					
84	鲤	*Cyprinus carpio*	鲤科	鲤属			+	+	+	+	+	+	+	
85	须鲫	*Carassioides acuminatus*	鲤科	须鲫属							+			
86	鲫	*Carassius auratus*	鲤科	鲫属			+	+	+	+	++	+		
87	南方长须鳅鮀	*Gobiobotia meridionalis*	鲤科	鳅鮀属							+			
88	鳙	*Aristichthys nobilis*	鲤科	鳙属				+	+		+	+	+	
89	鲢	*Hypophthalmichthys molitrix*	鲤科	鲢属				+	+	+				
90	美丽小条鳅	*Micronemacheilus pulcher*	鳅科	小条鳅属				+	+		++	+		
91	平头（岭）鳅	*Oreonectes platycephalus*	鳅科	岭鳅属					+		+			
92	无斑南鳅	*Schistura incerta*	鳅科	南鳅属										
93	横纹南鳅	*Schistura fasciolata*	鳅科	南鳅属					+		++		+	
94	壮体沙鳅	*Botia robusta*	鳅科	沙鳅属							+			
95	美丽沙鳅	*Botia pulchra*	鳅科	沙鳅属					+	+				
96	花斑副沙鳅	*Parabotia fasciata*	鳅科	副沙鳅属							+			
97	中华花鳅	*Cobitis sinensis*	鳅科	花鳅属							++			
98	沙花鳅	*Cobitis arenae*	鳅科	花鳅属							++			
99	大鳞副泥鳅	*Paramisgurnus dabryanus*	鳅科	副泥鳅属	+	+								
100	泥鳅	*Misgurnus anguillicaudatus*	鳅科	泥鳅属				+	+	+	+	+	+	
101	拟平鳅	*Liniparhomaloptera disparis disparis*	平鳍鳅科	拟平鳅属						+	+			
102	钝吻拟平鳅	*Liniparhomaloptera obtusirostris*	平鳍鳅科	拟平鳅属						+				
103	中华原吸鳅	*Protomyzon sinensis*	平鳍鳅科	原吸鳅属					+					
104	平舟原缨口鳅	*Vanmanenia pingchowensis*	平鳍鳅科	原缨口鳅属	+	+								

续表

序号	鱼类名称		分类地位		寻乌水	定南水	枫树坝水库	龙川	河源	新丰江水库	秋江西江	香及枝江	蓝田河	上义水	东莞
105	裸腹原缨口鳅	*Vanmanenia gymnetrus*	平鳍鳅科	原缨口鳅属					⊕						
106	东坡拟腹吸鳅	*Pseudogastromyzon changtingensis tungpeiensis*	平鳍鳅科	拟腹吸鳅属						+					
107	珠江拟腹吸鳅	*Pseudogastromyzon fangi*	平鳍鳅科	拟腹吸鳅属					+						
108	麦氏拟腹吸鳅	*Pseudogastromyzon myseri*	平鳍鳅科	拟腹吸鳅属					+		+				
109	细尾贵州爬岩鳅	*Beaufortia kweichowensis gracilicauda*	平鳍鳅科	爬岩鳅属					+		+				
110	广西爬鳅	*Balitora kwangsiensis*	平鳍鳅科	华平鳅属							+				
111	伍氏华吸鳅	*Sinogastromyzon wui*	平鳍鳅科	华吸鳅属							+				
112	越南隐鳍鲇	*Silurus cochinchinensis*	鲇科	鲇属						+	+				
113	鲇	*Silurus asotus*	鲇科	鲇属			+	+			++			+	
114	大口鲇	*Silurus meridionalis*	鲇科	鲇属				+							
115	胡子鲇	*Clarias fuscus*	胡子鲇科	胡子鲇属			+	+			++		+		
116	革胡子鲇△	*Clarias gariepnus*	胡子鲇科	胡子鲇属				+							
117	鳗鲇	*Plotosus lineatus*	鳗鲇科	鳗鲇属											+
118	黄颡鱼	*Pelteobagrus fulvidraco*	鲿科	黄颡鱼属				+		+	++				
119	瓦氏黄颡鱼	*Pelteobagrus vachelli*	鲿科	黄颡鱼属			+	+	+						
120	粗唇鮠	*Leiocassis crassilabris*	鲿科	鮠属							+				
121	条纹鮠	*Leiocassis virgatus*	鲿科	鮠属											
122	纵带鮠	*Leiocassis argentivittatus*	鲿科	鮠属							++				
123	三线拟鲿	*Pseudobagrus trilineatus*	鲿科	拟鲿属							+				
124	大鳍鳠	*Hemibagrus macropterus*	鲿科	鳠属				+			+				

续表

序号	鱼类名称		分类地位		分布地点									
					寻乌水	定南水	枫树坝水库	龙川	河源	新丰江水库	秋香江西枝江	蓝田河	上义水	东莞
125	斑鳠	*Hemibagrus guttatus*	鲿科	鳠属				+		+		+	+	
126	白线纹胸鮡	*Glyptothorax pallozonum*	鮡科	纹胸鮡属							+			
127	福建纹胸鮡	*Glyptothorax fokiensis*	鮡科	纹胸鮡属					+		++	+	+	
128	斑点叉尾鮰△	*Ictalurus punctatus*	叉尾鮰科	叉尾鮰属				+		+	++			
129	下口鲇△	*Hypostomus plecostomus*	棘甲鲇科	下口鲇属					+	+	+	+	+	+
130	青鳉	*Oryzias latipes*	青鳉科	青鳉属							+			
131	食蚊鱼△	*Gambusia affinis*	胎鳉科	食蚊鱼属				+	+	+	++	+	+	
132	白氏银汉鱼	*Hypoatherina valenciennei*	银汉鱼科	白氏银汉鱼属										⊕
133	乔氏吻鱵	*Rhynchorhamphus georgii*	鱵科	吻鱵属										⊕
134	间下鱵	*Hyporhamphus intermedius*	鱵科	下鱵属										+
135	缘下鱵	*Hyporhamphus limbatus*	鱵科	下鱵属										+
136	尖海龙	*Syngnathus acus*	海龙科	海龙属										⊕
137	棱鲅	*Liza carinata*	鲻科	鲅属										+
138	鲅	*Liza haematocheila*	鲻科	鲅属										+
139	粗鳞鲅	*Liza dussumieri*	鲻科	鲅属										+
140	四指马鲅	*Eleutheronema tetradactylum*	马鲅科	四指马鲅属										+
141	黄鳝	*Monopterus albus*	合鳃鱼科	黄鳝属				+	+		+	++	+	
142	花鲈	*Lateolabrax japonicus*	鮨科	花鲈属						+	+			
143	中国少鳞鳜	*Coreoperca whiteheadi*	鮨科	少鳞鳜属						+				
144	波纹鳜	*Siniperca undulata*	鮨科	鳜属						+				
145	斑鳜	*Siniperca scherzeri*	鮨科	鳜属				+		+				
146	大眼鳜	*Siniperca kneri*	鮨科	鳜属				+	+	+				
147	鳜△	*Siniperca chuatsi*	鮨科	鳜属							+			
148	鱚	*Sillago sihama*	鮨科	鱚属										⊕

续表

序号	鱼类名称		分类地位		分布地点									
					寻乌水	定南水	枫树坝水库	龙川	河源	新丰江水库	秋江西江香及枝	蓝田河	上义水	东莞
149	少鳞鱚	*Sillago japonica*	鱚科	鱚属										+
150	黄唇鱼	*Bahaba taipingensis*	石首鱼科	黄唇鱼属										⊕
151	棘头梅童鱼	*Collichthys lucidus*	石首鱼科	梅童鱼属										+
152	静鲾	*Leiognathus insidiator*	鲾科	鲾属										+
153	短吻鲾	*Leiognathus brevirostris*	鲾科	鲾属										+
154	粗纹鲾	*Leiognathus lineolatus*	鲾科	鲾属										⊕
155	灰鳍鲷	*Acanthopagrus berda*	鲷科	鲷属										+
156	黄鳍鲷	*Acanthopagrus latus*	鲷科	鲷属										+
157	断斑石鲈	*Pomadasys argenteus*	石鲈科	石鲈属										+
158	细鳞鯻	*Therapon jarbua*	鯻科	鯻属										+
159	莫桑比克口孵非鲫△	*Oreochromis mossambicus*	丽鱼科	口孵非鲫属				+		+	+	+	+	
160	尼罗口孵非鲫△	*Oreochromis niloticus*	丽鱼科	口孵非鲫属				+		+	+			
161	海氏鮨	*Callionymus hindsii*	鮨科	鮨属										⊕
162	香鮨	*Callionymus olidus*	鮨科	鮨属										⊕
163	海丰沙塘鳢	*Odontobutis haifengensis*	沙塘鳢科	沙塘鳢属							+			
164	萨氏华黝鱼	*Sineleotris saccharae*	沙塘鳢科	华黝鱼属							+ +			
165	乌塘鳢	*Bostrychus sinensis*	塘鳢科	乌塘鳢属							+			
166	黑体塘鳢	*Eleotris melanosoma*	塘鳢科	塘鳢属							+			
167	褐塘鳢	*Eleotris fusca*	塘鳢科	塘鳢属							⊕			
168	尖头塘鳢	*Eleotris oxycephala*	塘鳢科	塘鳢属							+ +			
169	粘皮鲻虾虎鱼	*Mugilogobius myxodermus*	虾虎鱼科	鲻鰕虎鱼属										+
170	斑尾刺虾虎鱼	*Acanthogobius ommaturus*	虾虎鱼科	复虾虎鱼属										⊕
171	矛尾虾虎鱼	*Chaeturichthys stigmatias*	虾虎鱼科	矛尾虾虎鱼属										+
172	舌虾虎鱼	*Glossogobius giuris*	虾虎鱼科	舌虾虎鱼属				+			+			+

序号	鱼类名称		分类地位		分布地点									
					寻乌水	定南水	枫树坝水库	龙川	河源	新丰江水库	秋香江及西枝江	蓝田河	上义水	东莞
173	斑纹舌虾虎鱼	*Glossogobius olivaceus*	虾虎鱼科	舌虾虎鱼属										⊕
174	小鳞沟虾虎鱼	*Oxyurichthys microlepis*	虾虎鱼科	沟虾虎鱼属										⊕
175	李氏吻虾虎鱼	*Rhinogobius leavelli*	虾虎鱼科	吻虾虎鱼属							+			+
176	溪吻虾虎鱼	*Rhinogobius duospilus*	虾虎鱼科	吻虾虎鱼属										+
177	子陵吻虾虎鱼	*Rhinogobius giurinus*	虾虎鱼科	吻虾虎鱼属					+	+	++			+
178	髭缟虾虎鱼	*Tridentiger barbatus*	虾虎鱼科	缟虾虎鱼属										+
179	纹缟虾虎鱼	*Tridentiger trigonocephalus*	虾虎鱼科	缟虾虎鱼属										+
180	绿斑细棘虾虎鱼	*Acentrogobius chlorostigmatoides*	虾虎鱼科	细棘虾虎鱼属										+
181	犬牙细棘虾虎鱼	*Acentrogobius caninus*	虾虎鱼科	细棘虾虎鱼属										+
182	犬齿背眼虾虎鱼	*Oxuderces dentatus*	虾虎鱼科	背眼虾虎鱼属										⊕
183	蛳形副平牙虾虎鱼	*Parapocryptes serperaster*	虾虎鱼科	副平牙虾虎鱼属										+
184	大弹涂鱼	*Boleophthalmus pectinirostris*	虾虎鱼科	大弹涂鱼属										+
185	弹涂鱼	*Periophthalmus modestus*	虾虎鱼科	弹涂鱼属										+
186	青弹涂鱼	*Scartelaos histophorus*	虾虎鱼科	青弹涂鱼属										+
187	拉氏狼牙虾虎鱼	*Odontamblyopus lacepedii*	虾虎鱼科	狼牙虾虎鱼属										+
188	鳗形鳗虾虎鱼	*Taenioides anguillaris*	虾虎鱼科	鳗虾虎鱼属										+
189	须鳗虾虎鱼	*Taenioides cirratus*	虾虎鱼科	鳗虾虎鱼属										+
190	孔虾虎鱼	*Trypauchen vagina*	虾虎鱼科	孔虾虎鱼属										+
191	长鳍（黄斑）篮子鱼	*Siganus canaliculatus*	篮子鱼科	篮子鱼属										+

续表

序号	鱼类名称		分类地位		分布地点									
					寻乌水	定南水	枫树坝水库	龙川	河源	新丰江水库	秋江西江	香及枝江	蓝田河	上义水	东莞
192	褐篮子鱼	*Siganus fuscescens*	篮子鱼科	篮子鱼属											+
193	攀鲈	*Anabas testudineus*	攀鲈科	攀鲈属				+			+			+	
194	叉尾斗鱼	*Macropodus opercularis*	斗鱼科	斗鱼属			+	+	+	+	+			+	
195	乌鳢△	*Channa argus*	鳢科	鳢属				+	+						
196	斑鳢	*Channa maculata*	鳢科	鳢属				+	+	+	++	+			
197	宽额鳢	*Channa gachua*	鳢科	鳢属					⊕						
198	月鳢	*Channa asiatica*	鳢科	鳢属					+						
199	大刺鳅	*Mastacembelus armatus*	刺鳅科	刺鳅属				+		+	++	+			
200	鲬	*Platycephalus indicus*	鲬科	鲬属											+
201	花鲆	*Tephrinectes sinensis*	鲆科	花鲆属											⊕
202	鲽	*Samaris cristatus*	鲽科	鲽属											⊕
203	卵鳎	*Solea ovata*	鳎科	鳎属											+
204	中华舌鳎	*Cynoglossus sinicus*	舌鳎科	舌鳎属											+
205	三线舌鳎	*Cynoglossus trigrammus*	舌鳎科	舌鳎属											+
206	弓斑东方鲀	*Takifugu ocellatus*	鲀科	东方鲀属											+
207	暗纹东方鲀	*Takifugu obscurus*	鲀科	东方鲀属											+
208	斑点雀鳝△	*Lepisosteus oculatus*	雀鳝科	雀鳝属					+						
209	短盖肥脂鲤△	*Piaractus brachypomus*	脂鲤科	肥脂鲤属					+						

注：＋表示有分布；＋＋表示数量分度高；＋＋＋表示数量分布度极高；⊕代表仅有历史记录；△表示引入种

第二章
东江流域鱼类图谱

O1 鲟形目 ACIPENSERIFORMES

F1 匙吻鲟科 Polyodontidae

1. 匙吻鲟 *Polyodon spathula*（Walbaum，1792）

地方名： 鸭嘴鱼

英文名： Mississippi paddlefish

形态特征： 吻部呈扁平桨状，特别长。体表光滑无鳞，背部黑蓝灰色，有斑点在其间，体侧有点状赭色，腹部白色。口大眼小，前额高于口部。鳃耙密集而细长，鳃盖骨大而向后延至腹鳍。尾鳍分叉，尾柄有梗节状的甲鳞。

地理分布及生活习性： 匙吻鲟在美国密西西比河流域的 22 个州均有发现。美国于 20 世纪 60 年代开始人工养殖，中国 1988 年从美国引进，现已成功人工育苗并推广生产。滤食性鱼类，以摄食浮游动物为主。对溶氧要求较高。

易辨识特征： 吻部呈扁平桨状，特别长。

IUCN 评估等级： 易危（Vulnerable，VU）（A3de）。

图片提供人：赵会宏

02 鲱形目 CLUPEIFORMES

F2　鲱科 Clupeidae

2. 花鰶 *Clupanodon thrissa*（Linnaeus，1758）

地方名： 黄鱼（广东，广西）

英文名： Chinese gizzard shad

形态特征： 体侧扁，略呈长卵圆形。腹缘有锯齿状棱鳞。口前位，口裂短，上颌前端有显著的缺口。脂眼睑发达。无侧线。背鳍最后一根鳍条延长呈丝状，甚长；腹鳍短小。体侧上方鳃盖之后有 4～7 个圆斑。体背部青绿色，头背部颜色较深，体侧中部以下银白色。背鳍黄绿色，前缘和外缘浅黑色；胸鳍和腹鳍、尾鳍基部呈淡黄色；臀鳍白色；尾鳍后缘黑色。吻的背缘有许多黑色小点。

地理分布及生活习性： 分布于广东珠江、韩江等江河下游及海南岛河口等地。暖温性中上层小型鱼类，摄食浮游生物、藻类及小型甲壳类。4月开始生殖洄游，6～7月为产卵盛期。

易辨识特征： 鳃盖条 5～6；上颌前端有明显缺口，背鳍最后一根鳍条延长呈丝状，甚长。

IUCN 评估等级： 未予评估（Not Evaluated，NE）。

标本采集地： 东莞。

图片提供人：邓利

3. 鲥 *Tenualosa reevesii*（Richardson，1846）

地方名： 时鱼、三来鱼、三黎

英文名： Reeves shad，Chinese shad

同物异名： *Macrura reevesii*（Richardson，1846）

形态特征： 体甚侧扁，呈长椭圆形，头中等大，吻尖。口大，端位，口裂倾斜，下颌稍长；上颌正中有一缺刻，与下颌骨正中的突起相吻合。上颌后端达眼后缘下方，有发达的脂眼睑。鳃耙细长且密。鳃孔大。假鳃发达。鳃盖膜不与鳃颊相连。鳞片大而薄，上具细纹；尾鳍基部有小鳞片覆盖；胸鳍、腹鳍基部有腋鳞；腹面有大形、锐利的棱鳞，排列成锯齿的边缘。无侧线，体背和头部呈灰黑色，中上侧略带蓝绿色光泽，下侧及腹部银白色；腹鳍、臀鳍灰白色，其他各鳍暗蓝色。幼鱼期体侧有斑点。

地理分布及生活习性： 中国近海分布极广，黄海、东海、南海都有分布，淡水中分布于长江、珠江、钱塘江、闽江等水系；朝鲜、菲律宾沿海也有分布。鲥为溯河产卵的洄游性鱼类。每年2月下旬至3月初，生殖群体由海洋溯河作生殖洄游，5～7月，当水温达28℃左右时，在江河湖泊中沙质底的缓流区繁殖。产卵时间多在傍晚或清晨，产后亲鱼仍游回海中，幼鱼则进入河流或湖泊中觅食，至9～10月才降河入海。滤食性鱼类，主要以浮游生物为主食，有时亦食硅藻及其他有机物的碎屑。鲥属濒危保护动物，1991年后无调查记录。

IUCN 评估等级： 未予评估（Not Evaluated，NE）。

物种保护等级：《中国濒危动物红皮书　鱼类》（濒危）。

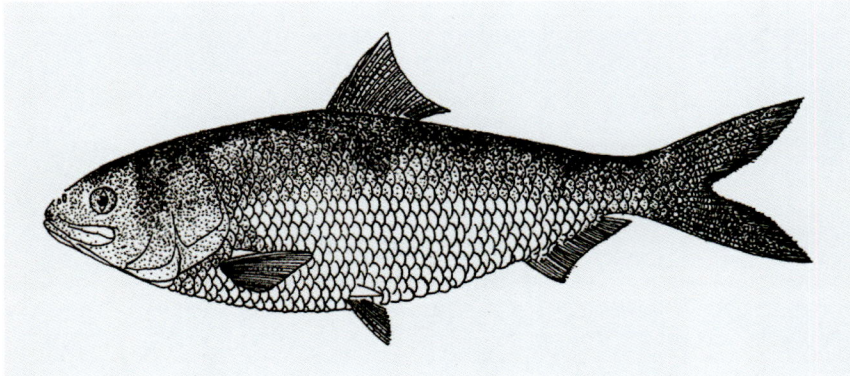

图片提供人：石月莹（依《广东淡水鱼类志》绘）

F3　鳀科 Engraulidae

4. 中颌棱鳀 *Thryssa mystax*（Bloch & Schneider，1801）

地方名： 范多

英文名： Moustached thrissa

同物异名： *Clupea mystax* Bloch & Schneider，1801

形态特征： 体延长，侧扁，腹部具棱鳞。头中大。吻圆钝，吻长短于眼径。眼较小，前侧位。眼间隔中间凸出。鼻孔每侧 2 个，位于眼前方。口大，亚下位，斜裂，口裂伸达眼后下方，上颌稍长于下颌，上颌骨较长，后端伸达胸鳍基部的前方。体被薄圆鳞，甚易脱落。背鳍较小，位于体中部，起点位于吻端和尾鳍中间。臀鳍基部长，始于背鳍中部下方。胸鳍下侧位，鳍端伸达腹鳍。腹鳍小，位于背鳍前下方。尾鳍分叉。体背部青色，体侧银白色。吻部浅黄色，胸鳍和尾鳍黄色。鳃盖后方具一青黄色大斑。

地理分布及生活习性： 分布于印度洋和太平洋。中国见于南海和东海及海南近岸各河口区，为广东沿海一带习见种。暖水性底层小型鱼类，栖息于浅海或河口区域。

易辨识特征： 鳃盖后方具一青黄色大斑，上颌后端伸达胸鳍基部。

IUCN 评估等级： 无危（Least Concern，LC）。

标本采集地： 东莞。

图片提供人：李荔、林中扶

5．七丝鲚 *Coilia grayii* Richardson，1845

地方名： 马鲚、凤尾鱼、马刀、黄鲚、白鼻

英文名： Seven filamented anchovy，Gray's grenadier anchovy

形态特征： 体延长，前部较宽，自臀鳍起向后减窄；背缘平直；腹缘浅弧形。头较小。吻圆钝，吻长略大于眼径。眼中等大，近于吻端；眼间隔宽，中间略高。鼻孔每侧两个，在眼前缘。口裂稍倾斜，向后伸达眼的后下方。体被薄圆鳞，易脱落；鳞片前缘圆凸，后缘整齐；胸鳍和腹鳍基部有短的腋鳞，无侧线。背鳍基部较短，前方有一根小棘。臀鳍低而基长，与尾鳍相连。胸鳍下侧位，上部有 7 根游离丝状鳍条，其中最长鳍

条伸达臀鳍基部上方。腹鳍起点在背鳍前小棘的下方，距胸鳍起点小于距臀鳍。尾鳍小。肛门在臀鳍前方。体背青黄色，侧腹银白色，背鳍、胸鳍、腹鳍基部淡黄色，尾鳍末端微黑。

地理分布及生活习性： 中国东海南部以南各河口一带均有分布，可上溯洄游到珠江水系的较大支流。可在淡水中生活。以介形类、桡足类、等足类、端足类为食。4～7月为其产卵期。

易辨识特征： 胸鳍上方有7根游离鳍条。

IUCN评估等级： 无危（Least Concern，LC）。

物种保护等级： 南方江河下游重要的经济鱼类。

标本采集地： 东江东莞河段及入海口。

图片提供人：邓利

O3　鲑形目 SALMONIFORMES

F4　银鱼科 Salangidae

6. 白肌银鱼 *Leucosoma chinensis*（Osbeck，1765）

地方名： 银鱼、白饭鱼

英文名： Chinese noodlefish

同物异名： *Salanx chinensis* Osbeck，1765

形态特征： 体细长，前部略平扁，后部侧扁。头长而平扁。吻尖长，呈三角形。两颌等长，各具一行齿。下颌联合，前端有一小肉突。除颌齿、腭齿外，有舌齿1行。具有假鳃，鳃耙短小而疏。各鳍均小，背鳍位臀鳍前上方，背鳍、尾鳍间有一透明小脂鳍。胸鳍下侧位，肉质基柄不发达。腹部具两排黑点。体柔软无鳞，仅雄鱼臀鳍基部具一行臀鳞。生活时全身透明，死后身体为乳白色。

地理分布及生活习性： 分布于中国东海和南海。中上层溯河洄游性鱼类，平时栖息于近海或河口咸淡水区。摄食浮游动物、虾类及幼鱼等。6～7月涨水期间出现于珠江及其支流。本种具有2个产卵群体，产卵期分别为2～3月和8～12月。资源量与径流量有关。

IUCN 评估等级： 数据缺乏（Data deficient，DD）。

标本采集地： 东莞。

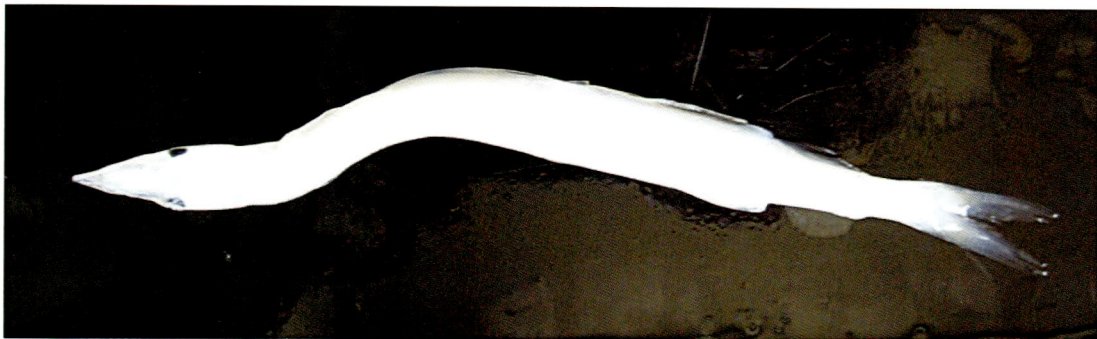

图片提供人：赵会宏

7. 居氏银鱼 *Salanx cuvieri* Valenciennes，1850

地方名： 白饭鱼、银鱼、丝丝银鱼、尖头银鱼

英文名： Noodlefish

形态特征： 体细长，前部近圆筒形，后部侧扁。背腹缘较直，尾柄细长。头尖长，吻呈三

角形。眼圆,与眼部头高相等,位于头侧前半部。眼间宽平并具 2 低棱。口裂平。两颌约等长,下颌骨前端有突起,其后有犬齿 3 枚。鳃孔发达。背鳍与臀鳍相对,臀鳍长而大;各鳍均无鳍棘。体柔软无鳞,仅雄鱼在臀鳍基具一行"臀鳞",全身白色半透明;沿腹缘两侧各有一行黑色小斑点;背鳍无色,尾鳍散布黑色小点。

地理分布及生活习性: 分布于广东各大江河河口咸淡水水域。平时生活在近海港湾及河口,一般不进入内陆江段,成体在珠江口常见。

IUCN 评估等级: 数据缺乏(Data deficient,DD)。

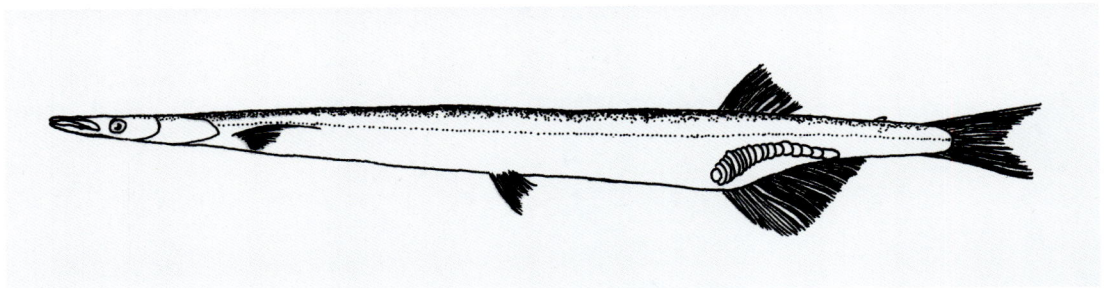

图片提供人:陈刚、石月莹(依《广东淡水鱼类志》绘)

8. 陈氏新银鱼 *Neosalanx tangkahkeii*(Wu,1931)

地方名: 小银鱼

同物异名: 太湖新银鱼(*Protosalanx tangkahkeii* Wu,1931)(Fishbase 认为太湖新银鱼与陈氏新银鱼是同物异名)

形态特征: 体细长,前部略呈圆筒形,后部侧扁。头部平扁,呈三角形。吻短。口裂小,下颌稍长于上颌;前颌骨、上颌骨及下颌各有一排细齿,犁骨、颚骨和舌上无齿。鳃孔大,鳃盖膜前部与颊部相连,假鳃发达。胸鳍小,扇形,肉质基柄发达。背鳍后方有一小而透明的脂鳍。体无鳞,雄鱼臀鳍基部两侧各有一排较大的鳞片。无侧线。肛门位于臀鳍前方。生活时全身透明,从头的背面可以清楚地看到脑的形状,死后身体为乳白色。身体两侧沿腹面各有一行黑色小点。尾鳍末端散布许多黑色小点。

地理分布及生活习性: 原产于长江中、下游的湖泊中。经引种繁殖后,珠江流域部分水库已有分布。纯淡水种类,终生生活于湖泊内,处于水体的中、下层,以浮游动物为主食,也食少量的小虾和鱼苗。半年即达性成熟，1 冬龄亲鱼即能繁殖，产卵期为 4～5 月，繁殖后不久即死亡。

IUCN 评估等级： 无危（Least Concern，LC）。

物种保护等级： 中国特有鱼类，名贵鱼类，具重要经济价值。

标本采集地： 枫树坝水库、新丰江水库。

图片提供人：赵会宏

O4 鳗鲡目 ANGUILLIFORMES

F5 鳗鲡科 Anguillidae

9. 日本鳗鲡 *Anguilla japonica* Temminck & Schlegel，1846

地方名： 河鳗、白鳗

英文名： Japanese eel

形态特征： 体细长如蛇，前部近圆筒状，后部稍侧扁。头短，圆锥形，前部稍平扁。眼小。吻部平扁。口大。唇厚，下颌稍长于上颌，上颌骨后端伸达瞳孔或眼后缘下方。鳞小，埋于皮下。黏液腺发达，体表光滑。体背呈暗绿色，腹侧为白色，背鳍起点距肛门较距鳃孔为近，背鳍、臀鳍起点间距短于头长，但长于头长之半，后端与尾鳍相连。胸鳍短小，宽圆。尾鳍圆钝。体被长椭圆形的细鳞，侧线孔明显，呈席纹状排列。

地理分布及生活习性： 中国沿海及各江口有分布；马来半岛、朝鲜、日本也有分布。降河洄游鱼类。食性杂，主要摄食小鱼、虾、蟹及其他甲壳动物，水生昆虫、软体动物，兼食水生植物。受精卵孵出的幼体初呈透明柳叶状，俗称"柳叶鳗"，此后慢慢向近岸浮游，进入河口前变为白色透明鳗苗，俗称"鳗线"。鳗苗进入河口，雄性多在河口及江河下游成长，雌性则逆流而上至河流上游。一般5～6龄后性成熟，然后进行降河洄游，在秋季经河口入海繁殖。

IUCN 评估等级： 濒危（Endangered，EN）（A2bc）。

标本采集地： 东莞。

图片提供人：邓利

10. 花鳗鲡 *Anguilla marmorata* Quoy & Gaimard，1824

地方名： 花鳗、雪鳗、鳝王

英文名： Giant mottled eel

形态特征： 头较长，呈圆锥形。口较宽，吻较短，尖而呈平扁形，位于头的前端，下颌突出较为明显。舌长而尖，前端游离。口裂稍微倾斜，后延可以到达眼后缘的下方。上下颌及犁骨上均具细齿。唇较厚，上下唇两侧有肉质的褶膜。眼较小，位于头的侧上方，为透明的被膜所覆盖，距吻端较近。鼻孔有两对，前后分离，前鼻孔呈管状，位于吻端的两侧；后鼻孔呈椭圆形，位于眼睛的前缘。鳃发达，鳃孔较小而平直，紧位于胸鳍基前。体表极为光滑，有丰富的黏液。背鳍、臀鳍均低而延长，并与尾鳍相连。胸鳍较短，近圆形，紧贴于鳃孔之后。没有腹鳍。肛门靠近臀鳍的起点。尾鳍的鳍条较短，末端较尖。鳞较为细小，各鳞互相垂直交叉，呈席纹状，埋藏于皮肤下面。身体背部为灰褐色，侧面为灰黄色，腹面为灰白色，胸鳍的边缘呈黄色，全身及各个鳍上均有不规则的灰黑色或蓝绿色的块状斑点。

地理分布及生活习性： 分布于长江下游及以南的钱塘江、灵江、瓯江、闽江、九龙江、台湾、广东、海南及广西等江河。典型的降河洄游鱼类，生长于河口、沼泽、河溪、湖塘、水库等。性情凶猛，体壮而有力。白昼隐伏于洞穴及石隙中，夜间外出活动，捕食鱼、虾、蟹、蛙及其他小动物，也摄食落入水中的大动物尸体。能到水面外湿草地和雨后的灌木丛林内觅食。

易辨识特征： 体背侧密布黄绿色斑块和斑点。

IUCN 评估等级： 无危（Least Concern，LC）。

物种保护等级：《中国濒危动物红皮书　鱼类》收录物种，中国国家 II 级重点保护野生动物。

图片提供人：潘德博

O5 鲤形目 CYPRINIFORMES

F6 鲤科 Cyprinidae

11. 南方波鱼 *Rasbora steineri* Nichols & Pope，1927

地方名： 列刀（广西）

英文名： Chinese rasbora

形态特征： 体长，侧扁。头短小，尖突。口裂向上倾斜，下颌前端稍外突，且有一突起与上颌凹陷对相嵌。无须。体被中大圆鳞，侧线完全，明显弯向腹方，位于体下侧。背鳍无硬刺，位于腹鳍之后上方；腹鳍、臀鳍短小，尾鳍细长，深叉，末端尖。腹膜银灰色，密布细小黑点，头和体背侧淡灰色，腹部银白色；由头后部沿体背部中央至尾鳍具有一细狭的暗色纵带。

地理分布及生活习性： 分布于海南（模式产地）及广东、广西、香港水系。珠江水系分布于广西的龙江、明江，广东的连江、漓江。生活在溪流。小型鱼类，常见体长100mm以下。

易辨识特征： 由头后部沿体背部中央至尾鳍具有一细狭的暗色纵带。

IUCN 评估等级： 无危（Least Concern，LC）。

物种保护等级： 古老的活化石鱼类，珠江水系特有鱼类。

标本采集地： 东莞。

图片提供人：钟煜

12．异鱲 *Parazacco spihurus*（Günther，1868）

英文名： Predaceous chub

形态特征： 体侧扁，腹部较窄，腹鳍至肛门腹棱明显。头小。吻尖。口上位，口裂向下倾斜，下颌前端有显著突起，与上颌凹陷嵌合。无须。眼较大。侧线完全，前部明显下弯，入尾柄后回升到体侧中部。侧线鳞42～46。背鳍短，无硬刺，起点在腹鳍起点之后；臀鳍长，最长鳍条超过尾鳍基部，分枝鳍条11～12根。体背灰褐色，腹部白色，体侧带棕红色，具不规则垂直斑纹。头腹面红色，尾基具一黑圆斑。

地理分布及生活习性： 分布于广东南部河流、云南元江水系、福建九龙江水系及海南部分河流。对栖息环境有较高要求，喜在水流清澈的水体中活动。一般多在河流中游弋觅食；或生活于山区溪流中，底为沙质、水流缓慢、水草丰富的区域，伴生鱼类较少。属小型凶猛鱼类，食性杂，主要摄食藻类和浮游动物，也食小鱼、虾。

IUCN 评估等级： 数据缺乏（Data deficient，DD）。

物种保护等级：《中国濒危动物红皮书　鱼类》收录物种。

标本采集地： 江西寻乌水、定南水。

图片提供人：钟煜

13．宽鳍鱲 *Zacco platypus*（Temminck & Schlegel，1846）

地方名： 白哥、扒佬、白糯鱼、快鱼、克浪、白鱼、红车公、桃花鱼、红翅子

英文名： Freshwater minnow

形态特征： 体长而侧扁，腹部圆。头短。吻钝。口端位，稍向上倾斜。唇厚。眼较小。鳞较大，略呈长方形，在腹鳍基部两侧各有一向后伸长的腋鳞。侧线完全，在腹鳍处向下微弯，过臀鳍后又上升至尾柄正中。生殖季节雄鱼出现婚姻色，头部、吻部、臀鳍条上出现许多珠星，臀鳍第1～第4根分枝鳍条特别延长，全身具有鲜艳的婚姻色。生活时体色鲜艳，背部呈黑灰色，腹部银白色，体侧有12～13条垂直的黑色条纹，条纹间有许多不规则的粉红色斑点。腹鳍为淡红色，胸鳍上有许多黑色斑点。背鳍和尾鳍灰色，尾鳍的后缘呈黑色。

地理分布及生活习性： 分布极广，中国分布于黑龙江、黄河、长江、珠江、澜沧江及东部沿海各溪流；朝鲜、日本均有分布，尤以山区溪流中为常见。喜欢栖息于水流较急、底质为砂石的浅滩。江河及深水湖泊中则少见。以浮游甲壳类为食，亦食藻类、小鱼及水底的腐殖物质。

易辨识特征： 体侧有10～13条蓝色垂直条纹。

IUCN 评估等级： 未予评估（Not Evaluated，NE）。

标本采集地： 江西寻乌水、定南水。

图片提供人：郭冬生、邓利、赵会宏

14．马口鱼 *Opsariichthys bidens* Günther，1873

地方名：桃花鱼、山鳡、坑爬、宽口、大口扒、扯口婆、红车公

形态特征：体长而侧扁，腹部圆。吻长。口大，口裂向上倾斜，下颌后端延长达眼前缘，其前端凸起，两侧各有一凹陷，恰与上颌前端和两侧的凹凸处相嵌合。眼中等大。侧线完全，前段弯向体侧腹方，后段向上延至尾柄正中。体背部灰黑色，腹部银白色，体侧有浅蓝色垂直条纹，胸鳍、腹鳍和臀鳍为橙黄色。雄鱼在生殖期出现婚姻色，头部、吻部和臀鳍有显眼的珠星，臀鳍的第1～第4根分枝鳍条特别延长。

地理分布及生活习性：广泛分布于黑龙江至海南、元江东部各河流干流和支流，尤以山区溪流中常见。栖息于水体上层，喜低温的水流，多生活于山涧溪流中，尤其是水流较急的浅滩，及底质为砂石的小溪或江河支流中；在静水湖泊及江河深水处皆少见。肉食性，通常集群活动，以小鱼和水生昆虫为食。生殖期多集中在6～8月，在急流中产卵。

易辨识特征：口裂向上倾斜，下颌后端延长达眼前缘，其前端凸起，两侧各有一凹陷，恰与上颌前端和两侧的凹凸处相嵌合。

IUCN 评估等级：无危（Least Concern，LC）。

标本采集地：江西定南水。

图片提供人：邓利、赵会宏

15．唐鱼 *Tanichthys albonubes* Lin，1932

地方名： 金丝鱼、林氏细鲫、白云山鱼、白云金丝鱼

英文名： White cloud mountain fish

形态特征： 体呈梭形，全长 3～4cm，大眼。吻钝而短。口上位，口裂向下倾斜，几乎与体轴垂直。体色背部褐色中带蓝色，腹部银白色，体两侧沿侧线有 1 条金线，金线的一端是黑眼珠，另一端是与黑眼珠相当的黑斑。鳍较小，背鳍、臀鳍后位，尾鳍分叉，背鳍与尾鳍鲜红色，其余鳍透明。体上还有一些色彩，但体色往往随环境条件而发生变化，金线则不变。

地理分布及生活习性： 分布区狭窄，仅分布于白云山、东江、北江及海南局部山地的小溪流中。是著名的观赏鱼品种。对水质要求较高，生活在水体澄清、水生植物生长繁盛的浅水中。

易辨识特征： 体两侧沿侧线有 1 条金线，金线的一端是黑眼珠，另一端是黑斑。背鳍与尾鳍鲜红色。

IUCN 评估等级： 数据缺乏（Data deficient，DD）。

物种保护等级： 中国国家 II 级重点保护野生动物。

标本采集地： 广州白云山。

图片提供人：钟煜、赵会宏

16．拟细鲫 *Nicholsicypris normalis*（Nichols & Pope，1927）

地方名： 鲩、油鲩、草鲩、白鲩、草鱼、草根（东北）、混子、黑青鱼

形态特征： 体长而侧扁，体高约等于头长，前腹圆，从腹鳍基底至肛门之间有不发达的腹棱。头宽。前端圆，吻短。口小，端位，口裂向下倾斜，腹面观为马蹄形。上下颌约等长。眼较大，侧上位。眼后头长大于吻长。眼间稍隆起，宽度显著大于吻长。体被中等大小之圆鳞。侧线完全，在前段稍下弯，入尾柄后回升到体侧中部。背鳍无硬刺，起点在腹鳍之后。胸鳍末端尖，向后不达或接近腹鳍基部。腹鳍圆钝，末端不及肛门。肛门接近臀部起点。尾鳍叉形，两叶末端稍尖。侧线上方的鳞片后缘中部各具有不显著的黑色斑点。

地理分布及生活习性： 分布于海南各水系和广东的珠江支流、广西钦江等水系，生活在山间溪流和小水沟中。小型鱼类，常见体长 100mm 以下。

IUCN 评估等级： 未予评估（Not Evaluated，NE）。

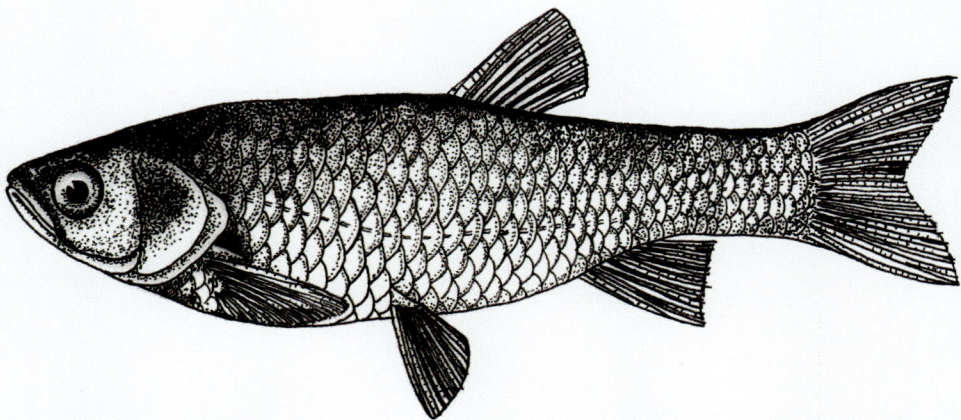

图片提供人：钟煜、石月莹（依《广东淡水鱼类志》绘）

17．青鱼 *Mylopharyngodon piceus*（Richardson，1846）

地方名： 黑鲩

英文名： Black carp

形态特征： 体长，略呈圆筒形，腹部平圆，无腹棱。尾部稍侧扁。吻钝，但较草鱼尖突。上颌骨后端伸达眼前缘下方。眼间隔约为眼径的 3.5 倍。鳃耙 15～21 个，短小，乳突状。下咽齿 1 行，左右一般不对称，齿面宽大，臼状。鳞大，圆形。侧线鳞 39～45。体青黑色，背部更深；各鳍灰黑色，偶鳍尤深。背鳍软条 7～9 枚；臀鳍软条 8～10 枚。

地理分布及生活习性： 主要分布于我国长江以南的平原地区。通常栖息在水的中下层，摄食螺、蚌、蚬、蛤等为主，亦捕食虾和昆虫幼虫。在鱼苗阶段，则主要以浮游动物为食。

IUCN 评估等级： 数据缺乏（Data deficient，DD）。

标本采集地： 惠州。

图片提供人：赵会宏

18．鳡 *Luciobrama macrocephalus*（Lacépède，1803）

地方名： 吹火筒、尖头鳡、马头鳡、鸭嘴鳡、鸭嘴鳡、鹤嘴鳡、长嘴鳡、喇叭鱼、大筒嘴

英文名： Long spiky-head carp

形态特征： 体细长，略呈圆筒形。腹圆无棱，头细长，前部稍成管状，吻部平扁似鸭嘴形。口较小，上位，下颌向上倾斜，且长于上颌。颊部侧扁。眼小，位于头侧上方，距吻端近；眼间宽平，眼后头长为吻长的 2.5 倍左右。下咽齿细长，末端微弯曲。鳞细小而薄，背鳍起点在腹鳍上方之后；尾鳍分叉深，下叶稍长于上叶。体青灰色，腹部银白色；胸鳍淡红色，背鳍、腹鳍和臀鳍灰白色，尾鳍后缘微黑色。侧线略呈弧形，向后伸至尾柄正中。

地理分布及生活习性： 分布于我国东南部平原地区的长江及以南各水系。生活在江河湖泊的中下层，矫健凶猛，游泳力强，鱼苗时即能吞食其他鱼苗。成鱼以长形的吻部在石缝中觅食。生殖期为 4～7 月。

IUCN 评估等级：数据缺乏（Data deficient，DD）。

物种保护等级：《中国濒危动物红皮书　鱼类》收录物种。

图片提供人：石月莹（依《广东淡水鱼类志》绘）

19．草鱼 *Ctenopharyngodon idella*（Valenciennes，1844）

地方名：鲩、油鲩、草鲩、白鲩、草根（东北）、混子、黑青鱼

英文名：Grass carp

同物异名： *Ctenopharingodon idellus*（Valenciennes，1844）

形态特征：体略呈圆筒形，较长，腹部无棱，头部稍平扁，尾部侧扁，背、腹轮廓线较平直。头宽，中等大。口呈弧形，无须，上颌略长于下颌。鳃孔宽，鳃膜连于颊部。体呈浅茶黄色，背部青灰色，腹部灰白色，胸鳍、腹鳍略带灰黄色，其他各鳍浅灰色。下咽齿 2 行，侧扁，呈梳状，齿侧具横沟纹。侧线完全，呈弧形，向后延伸至尾柄正中。背鳍和臀鳍均无硬刺，背鳍和腹鳍相对。尾鳍分叉较短，上下叶末端钝。

地理分布及生活习性：广泛分布于中国东部从黑龙江至广西各河流干流、支流。已移殖到亚洲、欧洲、美洲、非洲许多国家。栖息于平原地区的江、河、湖泊，一般喜居于水的中下层和近岸多水草区域。性活泼，游泳迅速，常成群觅食。典型的草食性鱼类。幼鱼期摄食幼虫、藻类等。

IUCN 评估等级：未予评估（Not Evaluated，NE）。

标本采集地：广东河源龙川县枫树坝水库。

图片提供人：邓利、赵会宏

20．赤眼鳟 *Squaliobarbus curriculus*（Richardson，1846）

地方名：红眼鱼、赤眼鲮、参鱼

英文名：Barbel chub

形态特征：体长筒形，后部较扁，头锥形，背面宽而平。吻钝。口端位，口裂宽，呈弧形。须两对，细小，1对位于吻缘，1对位于口角。眼中大，眼间宽，其间距约为眼径的2倍。鳃孔宽，鳃耙短小，排列稀。体银白色，背部灰黑色，体侧各鳞片基部有一黑斑，形成纵列条纹，体侧鳞较背腹为大。鳞大，侧线完全，呈弧形，平直后延至尾柄中央。尾鳍深叉形、深灰色具黑色边缘。眼上缘有一红斑故名赤眼、红眼鱼。

地理分布及生活习性：我国除西北、西南外，各江、河、湖泊中均有分布。一般栖息于流速较慢的水中。适应性强，善跳跃，易惊而致鳞片脱落受伤。食性杂，藻类、有机碎屑、水草等均可摄食。2龄鱼即可达性成熟。生殖季节一般在4～9月。

易辨识特征：眼上缘具有一红色斑；体背侧青灰色，腹部银白色，侧线以上每一鳞片基部有一黑点。

IUCN 评估等级： 数据缺乏（Data deficient，DD）。

标本采集地： 枫树坝水库、东江干流河源江段。

图片提供人：邓利、赵会宏

21．鳤 *Ochetobius elongatus*（Kner，1867）

地方名： 刁子、麦秆刁、昌刁、刁秆

形态特征： 体细长，近似筒状。头小，呈锥状。口较小，端位，口裂平直，无须。眼间宽，微凸，其宽大于眼径。下咽齿 3 行，宽大而光滑，末端成钩状。鳃孔宽大，鳃耙细长。背鳍无硬刺，其起点与腹鳍相对。臀鳍短，离背鳍较远，起点距腹鳍基底较尾鳍基为远。胸鳍短，尖形，末端距腹鳍基颇远。腹鳍位于背鳍下方，起点与背鳍起点相对。尾鳍分叉很深，两叶末端均尖。体背部呈蓝绿色，腹部银白色，体侧正中上方有 1 条浅黄绿色的纵带；偶鳍和臀鳍橘黄色，尾鳍灰黑色。鳞较小，侧线较平直，约位于体侧中央。

地理分布及生活习性： 我国长江流域及其以南各水体中均有分布。有江河湖泊洄游习性。每年7～9月进入湖泊中肥育，到生殖季节时又回到江河急流中进行生殖。生殖季节为4～6月，性成熟年龄为3～5冬龄。产卵场所需要流水，在静水中不能繁殖。主要摄食水生昆虫、枝角类、小鱼、虾等。

IUCN 评估等级： 无危（Least Concern，LC）

标本采集地： 新丰江水库。

图片提供人：潘德博

22. 鳡 *Elopichthys bambusa*（Richardson，1845）

地方名： 黄钻、黄颊鱼、竿鱼、水老虎、大口鳡、鳏

英文名： Yellowcheek

形态特征： 体形如梭，体色微黄，腹部银白色，背鳍、尾鳍青灰色，颊及其他各鳍淡黄色。体细长，稍侧扁，腹部圆，无腹棱。头长而前端尖，吻长远超过吻宽。口大，端位，口裂末端可达眼缘的下方。下颌前端有一坚硬的骨质突起，与上颌前缘的凹陷相吻合，上下颌均粗壮。眼小，鳞细，侧线鳞110～117。背鳍Ⅲ 9～10，很小，起点位于腹鳍之后。臀鳍Ⅲ－10～11。尾鳍分叉很深。

地理分布及生活习性： 我国除西北、西南外，各平原地区的河流中均有分布。主要分布于长江水系，珠江水系分布于西江、北江、东江。原产亚洲，后引进欧洲、北美洲等地区。主要生活在江、河、湖泊的中上层，游泳迅速，行动敏捷，是以鱼类为食的典型的凶猛鱼类，生存水温范围较广，适宜生长水温为16～30℃。

IUCN 评估等级： 数据缺乏（Data deficient，DD）。

标本采集地： 枫树坝水库。

图片提供人：邓利、赵会宏

23．丁鱥 *Tinca tinca*（**Linnaeus**，1758）

地方名：须鱥、黑鱼

形态特征：体较高，略侧扁，腹部圆。口小，端位，口裂稍向上倾斜，口角具触须1对。鳞细小，隐藏于皮下。侧线完全。背鳍短，无硬刺。其起点位于腹鳍起点之后。尾

图片提供人：赵会宏

鳍微凹或平截。

地理分布及生活习性： 冷水性底栖鱼类，生活于静水湖泊或缓流的河段。常在底层活动，杂食性，适应性较强。每年5～7月产卵于水草上。因人工养殖，在北江流域已有分布。我国见于新疆的额尔齐斯河和乌伦古河流域，珠江水系分布于北江。

IUCN 评估等级： 无危（Least Concern，LC）。

24．海南鲌 *Culter recurviceps*（Richardson，1846）

地方名： 翘嘴鱼、拗颈、昂石包

同物异名： *Erythroculter pseudobrevicauda* Nichols & Pope，1927

形态特征： 体长，侧扁。头背面平，头后背部显著隆起。腹棱自腹鳍基至肛门。口上位，口裂与体纵轴垂直，下颌厚而突出，上翘，成为身体前端的边缘。眼大，其前缘接近鼻孔

图片提供人：邓利、赵会宏

下缘的后方。鳞小。无须，侧线在体侧中部略向下弯曲。侧线鳞72～76。背鳍硬刺光滑。臀鳍基部长。体背灰色，腹部银白色，胸鳍前部和腹鳍淡橘红色。胸鳍后部和其余各鳍灰色。肛门靠近臀鳍基部。尾鳍深分叉。腹棱明显。

地理分布及生活习性：分布于海南及广东的西江、东江及韩江。生活在开阔水体的中上层。游动迅速，以掠捕小鱼、虾为食。

IUCN 评估等级：无危（Least Concern，LC）。

标本采集地：枫树坝水库。

25．翘嘴鲌 *Culter alburnus* Basilewsky，1855

地方名：大白鱼、翘嘴白鱼

英文名：Topmouth culter

同物异名：*Erythroculter aokii* Oshima，1919

形态特征：体长形，侧扁，腹棱不完全。自腹鳍基至肛门间。口上位，口裂几与体轴垂直。下颌厚而上翘。眼中大，位于头侧。下咽齿末端成钩状。背鳍具光滑粗壮的硬刺。侧线鳞80以上，臀鳍分枝鳍条21～25，尾鳍分叉，下叶稍长于上叶。体背略呈青灰色，两侧银白色，各鳍灰黑色。

地理分布及生活习性：分布甚广，见于黑龙江、辽河、黄河、长江、钱塘江、闽江、台湾、珠江等水系的干流、支流及其附属湖泊中。多生活在水体中上层，游泳迅速，善跳跃。以小鱼为食。

图片提供人：赵会宏

IUCN 评估等级：未予评估（Not Evaluated，NE）。

标本采集地：枫树坝水库、新丰江水库。

26．蒙古鲌 *Culter mongolicus* Basilewsky，1855

地方名：红梢子、尖头红梢子、红尾鲢、银朱点尾、黄尾

英文名：Mongolian redfin

同物异名：*Chanodichthys mongolicus*（Basilewsky，1855）

形态特征：体长，侧扁，头后背部稍隆起。腹鳍基至肛门具腹棱。口端位，口裂斜，侧线前部略呈弧形，背鳍具光滑的硬刺。胸鳍尖，末端约达自胸鳍至腹鳍间距离的2/3处。腹鳍短于胸鳍，末端距肛门较远，腹鳍基末端与背鳍起点相对或稍后。臀鳍外缘凹入，起点

距鳃盖后缘较尾鳍基为远。尾鳍分叉深，两叶末端尖，下叶稍长于上叶。体背侧浅褐色，腹侧银白色，背鳍浅灰色，胸鳍、腹鳍淡黄色，尾鳍上叶均为淡黄色，下叶为鲜红色。

图片提供人：赵会宏

地理分布及生活习性：分布于中国黑龙江、黄河、淮河、长江、钱塘江、海南、珠江等水系；国外见于俄罗斯。平时生活在水流缓慢的河湾或湖泊的中、上层，游动敏捷。5～7月集群繁殖，冬季多集中在河流深水处或湖泊的深潭越冬。幼鱼以浮游动物和水生昆虫为食，成鱼以小鱼为主食。

IUCN 评估等级：无危（Least Concern，LC）。

标本采集地：河源。

27. 南方拟鲚 *Pseudohemiculter dispar*（Peters，1880）

地方名：蓝刀、白条鱼

形态特征：体长而侧扁，背部稍平直，几乎成一直线。腹棱自腹鳍基部至肛门。肛门靠近

图片提供人：邓利

臀鳍起点。头尖。口端位，口裂斜，后端在鼻孔后缘的下方，上颌略长于下颌，下颌中央具丘突，和上颌中央的凹陷相吻合。侧线在胸鳍上方急剧下弯，行于体之下半部，在尾柄处又折而向上，行于尾柄正中。背鳍具后缘光滑的硬刺。尾鳍分叉深，下叶略长于上叶。体背部浅灰色，侧面白色。

地理分布及生活习性： 分布于广东、香港、广西、云南、福建、海南、江西等地，在广东主要分布于东江、北江和粤西流域。生活在水体的中上层，游动迅速，喜集群活动。小型鱼类。

IUCN 评估等级： 易危（Vulnerable，VU）（A2ce）。

标本采集地： 东江干流惠州、东莞河段。

28．鲂 *Megalobrama skolkovii* Dybowski，1872

地方名： 三角鳊、乌鳊、平胸鳊

同物异名： *Megalobrama mantschuricus*（Basilewsky，1855）

形态特征： 体高而侧扁，呈菱形。头小而侧扁，后背部隆起。口较小，端位；口裂斜，上下颌前缘均具发达的角质层。胸鳍下侧位，末端接近或伸达腹鳍起点。腹鳍基部至肛门；具腹棱。背鳍具光滑硬刺，其长度显著大于头长。臀鳍起点与背鳍基部相对。尾鳍分叉深，下叶稍长。尾柄长大于或等于尾柄高。体呈灰黑色，两侧浅灰色，腹部银白色，体侧

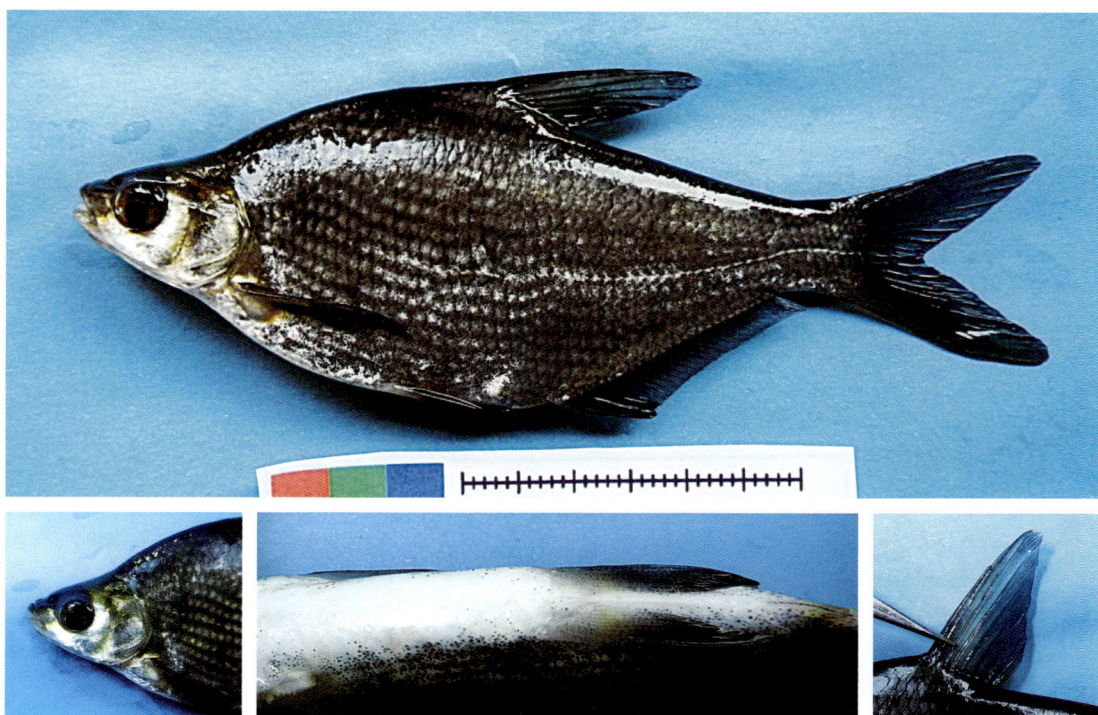

图片提供人：邓利、赵会宏

鳞片中间浅色，各鳍呈灰黑色。

地理分布及生活习性： 广泛分布于中国黑龙江、黄河、长江水系、东南沿海各水系；俄罗斯远东地区广布。喜栖息于底质为淤泥或石砾、有沉水植物和淡水壳菜的敞水区。杂食性，幼鱼以淡水壳菜为主食，成鱼以水生植物为主食。

IUCN 评估等级： 未予评估（Not Evaluated，NE）。

标本采集地： 枫树坝水库。

29. 三角鲂 *Megalobrama terminalis*（Richardson，1846）

地方名： 鲂、平胸鲂、塔鳊、三角鳊、乌鳊

英文名： Black Amur bream

同物异名： *Megalobrama hoffmanni* Herre & Myers，1931

形态特征： 体侧扁而高，略呈长菱形。头小。上下颌约等长，边缘具不明显角质。背部青褐色，体侧灰黑色，腹部银白色，各鳍均为灰白色，稍暗。腹棱由腹鳍基部起至肛门，背鳍第3根不分枝鳍条为硬刺，其长大于头长；背鳍起点距尾鳍基的距离较距吻端为近。鳞片中等

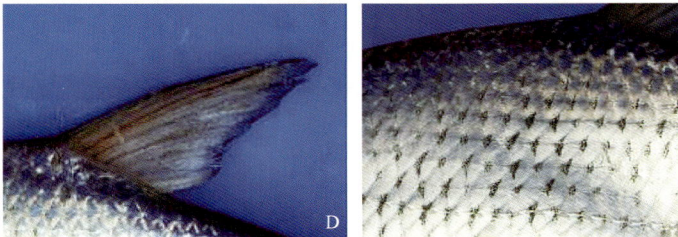

图片提供人：邓利

大，每个鳞片中部为灰黑色，边缘较淡，组成体侧若干灰黑色纵纹，尾鳍叉深，下叶稍长。尾柄短。侧线较平直，向后伸达尾鳍基。体侧鳞片基部有一黑点，鳍除尾鳍外均带淡红色。

地理分布及生活习性： 分布于珠江水系及海南水域。栖息于流水或静水中，喜清洁的水质及泥质和有沉水植物的敞水区。喜食淡水壳菜，也食水生昆虫、小鱼、小虾和软体动物等。

易辨识特征： 体侧鳞片基部具黑斑。

IUCN 评估等级： 未予评估（Not Evaluated，NE）。

标本采集地： 东江干流东莞河段。

30．海南华鳊 *Sinibrama melrosei*（Nichols & Pope，1927）

地方名： 大眼鱼

形态特征： 体高而侧扁，背部隆起。口端位，口裂斜，口裂伸达鼻孔后缘的下方，上下颌约等长。自腹鳍基至肛门具腹棱，尾柄较细。头短而侧扁。眼大，位于头侧。侧线下弯，侧线鳞不超过54。背鳍具硬刺，外缘斜直，最长分枝鳍条与头长相等或稍长。胸鳍尖，末端达到或超过腹鳍起点。腹鳍较胸鳍短，末端约达肛门，起点位于背鳍起点之前。臀鳍基部长，分枝鳍条21～25；尾鳍分叉深，上下叶约等长，叶端尖。

地理分布及生活习性： 分布于珠江水系及海南。杂食性，多以高等植物碎屑和水生昆虫为食。

IUCN 评估等级： 数据缺乏（Data deficient，DD）。

标本采集地： 增江。

图片提供人：赵俊

31．伍氏半𩾅 *Hemiculterella wui*（Wang，1935）

地方名： 蓝刀

同物异名： *Nicholsiculter wui* Wang，1935

形态特征： 体侧扁。腹鳍基至肛门具腹棱。头尖形，侧扁，头背面平直。口端位，口裂斜，上下颌约等长。吻短，稍长于眼径。眼中大，侧位。眼间宽而平，其间距大于眼径。侧线在胸鳍上方急剧下弯，行于体之下半部，在尾柄处又折而向上，行于尾柄正中。背鳍无硬刺，尾鳍分叉深，下叶略长于上叶。臀鳍位于背鳍基的后下方，起点约与背鳍最后分枝鳍条的末端相对。胸鳍尖形，末端距腹鳍基有一距离相隔。腹鳍位于背鳍起点之前，鳍端不伸达肛门。

地理分布及生活习性： 分布于珠江水系及浙江等地。中上层鱼类。个体小。

IUCN 评估等级： 未予评估（Not Evaluated，NE）。

物种保护等级： 小型经济鱼类，中国特有种。

标本采集地： 秋香江、西枝江。

图片提供人：赵会宏

32．鳊 *Parabramis pekinensis*（Basilewsky，1855）

地方名： 鳊鱼、长春鳊、草鳊、油鳊、长身鳊

英文名： White amur bream

形态特征： 体侧扁而高，略呈菱形，自胸鳍基部下方至肛门间具腹棱。尾柄短，尾柄高大于尾柄长。头小略尖，头后隆起。吻钝而短，吻长约等于或稍大于眼径。上下颌约等长。口端位，口裂斜，后端达鼻孔前缘的下方。眼中大，侧位，眼间宽而微凸。鳃孔宽，鳃膜连于颊部，颊部窄。鳞中大，侧线完全而平直。背鳍具硬刺。臀鳍长。尾鳍深分叉。体背侧青灰色，腹部银白色，各鳍呈灰色。

地理分布及生活习性： 广布性种类，分布于中国黑龙江、鸭绿江、辽河、黄河、淮河、长江、钱塘江、闽江、海南、珠江各水系；国外见于朝鲜及俄罗斯。中下层鱼类。主要摄食藻类、浮游动物、水生昆虫及水生植物碎片。

IUCN 评估等级： 未予评估（Not Evaluated，NE）。

标本采集地： 东江干流龙川、河源河段。

33．海南似鲚 *Toxabramis houdemeri* Pellegrin，1932

地方名： 蓝刀、鳞刀

形态特征： 体极侧扁，背部轮廓平直。自胸鳍基部至肛门具腹棱。头侧扁，略尖。吻短，稍尖，吻长等于或稍小于眼径。口端位，口斜裂，上下颌约等长。鳃孔宽大，颊部窄。鳞薄，易脱落。侧线完全，在胸鳍上方急剧下弯，行于体之下半部，在臀鳍处又折而向上，行于尾柄正中。背鳍刺后缘具明显的细锯齿。背鳍起点至吻端的距离与距尾鳍基的距离相等。臀鳍位于背鳍后下方。胸鳍尖形，后伸不达腹鳍起点。尾鳍深分叉，下叶长于上叶。

地理分布及生活习性： 分布于海南及珠江、红河等水系。生活在水体中上层。

IUCN 评估等级： 无危（Least Concern，LC）。

标本采集地： 秋香江。

34．台细鳊 *Metzia formosae*（Oshima，1920）

形态特征： 体长形，侧扁。腹鳍基至肛门具棱。头短而侧扁。吻短而钝。口亚上位，斜裂。眼较大，位于头中央偏前。鳞薄而易脱落。侧线完全，或断续，前部深弧形，位于体之下半部。侧线鳞40以上。背鳍无硬刺。背鳍起点在腹鳍与臀鳍之间的上方。臀鳍起点在背鳍基部后端的下方。胸鳍末端尖。尾鳍深叉状。体背灰色，下侧面和腹部银白色，体侧具一暗色纵带。尾鳍灰色，下叶稍长于上叶，末端尖形。尾鳍灰色，其他鳍浅色。

地理分布及生活习性： 主要分布在台湾，华南部分水系也有分布。栖息于清澈的静水或缓流的小河、小溪中。野生数量甚少。

IUCN 评估等级： 无危（Least Concern，LC）。

物种保护等级：《中国濒危动物红皮书　鱼类》收录物种。

标本采集地： 秋香江、西枝江。

图片提供人：赵会宏

35．线细鳊 *Metzia lineata*（Pellegrin，1907）

地方名： 车栓仔

同物异名： *Rasborinus lineatus*（Pellegrin，1907）

形态特征： 体背缘弧形，腹部在腹鳍以前浅弧形。吻短。眼上侧位。鼻孔接近眼前缘。口中等大，前位。上颌骨后端伸达鼻孔中点下方。唇薄，下唇褶连续。鳃孔大，鳃耙短小。体被中等大的圆鳞。侧线呈浅弧形下弯，下侧位，后部伸达尾柄稍下方。背鳍短，起点在腹鳍末端后上方，距吻端大于距尾鳍基。臀鳍基部长。胸鳍下侧位，后端不伸达腹鳍。腹鳍短小。体背灰黑色，腹部银白色。体侧鳞片基部有黑色小点，列成数根灰色纵纹。

地理分布及生活习性： 分布于珠江水系广东江段和海南各水系。

IUCN 评估等级： 无危（Least Concern，LC）。

图片提供人：陈刚、赵会宏

36．鳘 *Hemiculter leucisculus*（Basilewsky，1855）

地方名： 鳘条、白条、鳘子、浮鲢、鲦、青背

英文名： Sharpbelly

形态特征： 体细长，侧扁，背部几成直线，腹部略凸。自胸鳍基部至肛门有明显的腹棱。头尖，略呈三角形。口端位，口裂向上倾斜。眼位于头的前部。侧线鳞45～57，侧线在胸鳍上方急剧向下弯成一个角度，直至臀部基部又向上弯折，沿尾柄中线直达尾柄基部。背鳍具有光滑的硬刺，起点距尾鳍基较吻端为近。臀鳍延长，位于背鳍后下方。胸鳍尖形，其长短于头长，末端不达腹鳍起点。尾鳍分叉深，下叶较上叶略长。背部青灰色，腹部及侧部呈银白色，尾鳍灰黑色。

地理分布及生活习性： 分布广，我国各地河流、湖泊中均有。常喜群集于沿岸水面游泳，行动迅速。杂食性，食物主要为藻类、高等植物碎屑、甲壳动物及昆虫等。

IUCN 评估等级： 无危（Least Concern，LC）。

标本采集地： 河源、东莞。

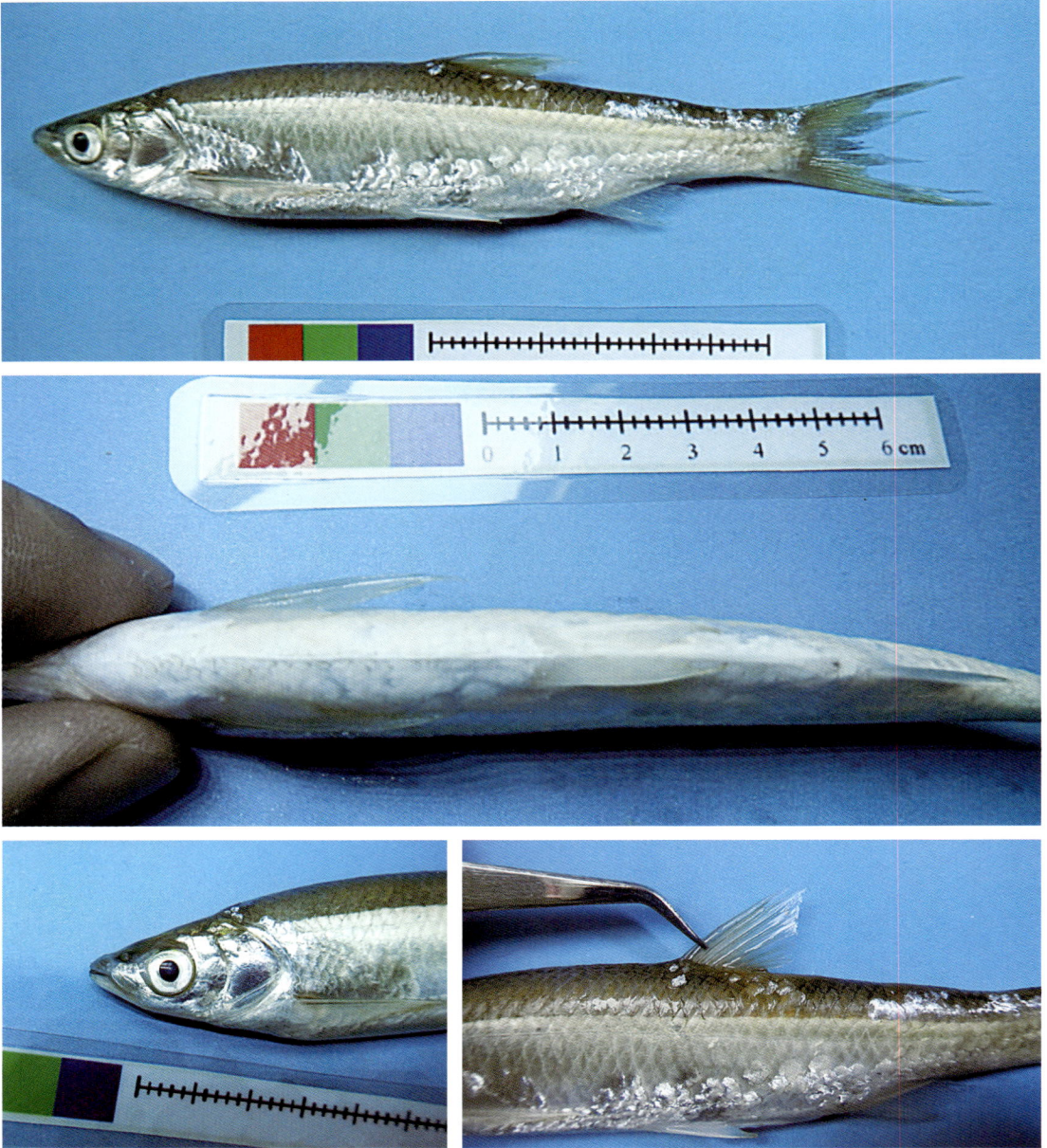

图片提供人：邓利、赵会宏

37. 飘鱼 *Pseudolaubuca sinensis* Bleeker，1864

地方名：飘鱼、篮片子、篮刀片、薄削

形态特征：身体长，头部和身体极扁薄，体背部轮廓平直。口端位，斜裂，下颌中央具突起，和上颌中央的凹陷相吻合。眼大。体鳞较小。背鳍短小，无硬刺，最长鳍条约为头长之半。臀鳍基部长。尾鳍深叉，下叶稍长于上叶。侧线在胸鳍上方急剧向下弯曲，形成一

明显角度，延展于身体纵轴下方与腹部平行，至尾柄处再向上弯而转入尾柄中央。腹棱完全。体背青灰色，腹部银白色，背鳍、臀鳍和尾鳍灰黑色，胸鳍、腹鳍淡黄色。

地理分布及生活习性： 分布极广，辽河、长江、钱塘江、闽江、韩江、珠江、元江等水系均有分布。江、河、湖泊中常见的小型鱼类，静水、流水都能生活。喜欢漂泊于浅水区，行动迅速，经常成群地在水面上来往漂游，故有"飘鱼"之称。主食浮游动物，也食底栖动物、昆虫等。产卵期在5、6月，产卵于湖或水库沿岸有水草或湖底有沙砾的地方。

IUCN 评估等级： 无危（Least Concern，LC）。

标本采集地： 西枝江。

图片提供人：潘德博

38．寡鳞飘鱼 *Pseudolaubuca engraulis*（Nichols，1925）

地方名： 蓝片子

形态特征： 体长侧扁。背部较厚，平直。自颊部至肛门具腹棱。口端位，斜裂。头长而侧扁。侧线在胸鳍上方缓慢向下弯，至尾柄处又折而向上，伸入尾柄正中。侧线鳞60以下。背鳍起点约在眼后缘至最后鳞片之间的中点。背鳍无硬刺，位于腹鳍之后上方。

图片提供人：潘德博

臀鳍起点在背鳍基部末端稍后的下方。臀鳍具 17～21 根分枝鳍条。尾鳍叉形，下叶稍长。体呈银灰色，鳍为浅灰色。

地理分布及生活习性： 分布于黄河、长江、珠江等水系。杂食性。产漂流性卵。

IUCN 评估等级： 无危（Least Concern，LC）。

标本采集地： 增江。

39．银鲴 *Xenocypris macrolepis* Bleeker，1871

地方名： 密鲴、银鲹、水密子

同物异名： *Xenocypris argentea* Günther，1868

英文名： Yellowfin

形态特征： 体长而侧扁。吻长略大于眼径。口下位，下颌前缘有薄的角质层。下咽齿 3 行，鳃耙短，呈三角形。侧线鳞 53～64。腹部在肛门前方具不明显的腹棱。腹鳍基部有 1～2 片长形的腋鳞。侧线前端向腹面微弯，在体后方延伸至尾柄中部。背鳍起点至吻端的距离短于至尾鳍基部的距离。胸鳍平放不达腹鳍起点。腹鳍平放不达肛门。尾鳍深叉形。体背部灰黑色，腹部银白色，鳃盖后缘有橘黄色斑块，尾鳍灰色或淡黄色，边缘灰黑色。

地理分布及生活习性： 主要分布于珠江、长江、黑龙江等水域，通常栖息于水体的中下层，以其发达的下颌角质化边缘，在池底或底泥中刮取食物。在自然条件下以腐屑底泥为食，同时也摄食藻类。

IUCN 评估等级： 无危（Least Concern，LC）。

标本采集地： 河源、秋香江、西枝江。

图片提供人：赵会宏

40．细鳞鲴 *Xenocypris microlepis* Bleeker，1871

英文名： Smallscale yellowfin

同物异名： *Plagiognathops microlepis*（Bleeker）

形态特征： 体长形而侧扁，吻长大于眼径。口小，下位，呈弧形，下颌前缘有较发达的角质层。鳃耙短而侧扁，呈三角形。在腹鳍基部有1～2片长形的腋鳞。侧线前端向腹面微弯，在体后方延伸至尾柄中部。背鳍起点至吻端的距离短于至尾鳍基部的距离。胸鳍平放不达腹鳍起点。腹鳍平放不达肛门。肛门靠近臀鳍。腹棱长，其长度为腹鳍基至肛门距离的4/5或更长。尾鳍深叉形。背部灰黑色，腹部银白色，背鳍灰色，臀鳍淡黄色，尾鳍橘黄色并有黑色的后缘。

地理分布及生活习性： 分布于黑龙江、黄河、长江、珠江及中国东南沿海各水系。生活于水体中下层，以藻类和有机碎屑为食。

IUCN 评估等级： 无危（Least Concern，LC）。

图片提供人：赵会宏

41．黄尾鲴 *Xenocypris davidi* Bleeker，1871

地方名： 黄尾、黄片、黄姑子、黄尾刁

形态特征： 体较长，侧扁，腹部圆。头小，吻端圆突，吻长大于眼径。口近下位，呈一横裂，下颌有一发达的角质边缘。鳃耙短，侧扁，呈三角形。腹鳍基部两侧有1～2枚长形的腋鳞。腹部在肛门前方有不明显的腹棱。背部灰色，腹部白色，鳃盖后缘有一条浅黄色的斑块，尾鳍橘黄色。侧线前端向腹面微弯，在体后方延伸至尾柄中部。背鳍起点至吻端的距离短于至尾鳍基部的距离。胸鳍平放不达腹鳍起点。腹鳍平放不达肛门。尾鳍深叉形。

地理分布及生活习性： 分布于黄河及珠江间的各水系及海南，珠江水系分布于西江、北江及东江等。栖息于江、河、湖泊的底层，以下颌角质边缘刮食藻类和高等植物碎屑。

易辨识特征： 鳃盖后缘有一条浅黄色的斑块，尾鳍橘黄色。

IUCN 评估等级： 未予评估（Not Evaluated，NE）。

标本采集地： 东江干流河源江段、惠州江段。

图片提供人：邓利、赵会宏

42．中华鳑鲏 *Rhodeus sinensis* Günther，1868

地方名： 鳑鲏

形态特征： 体呈椭圆形，侧扁。头小。口小，端位。口角无须。下咽齿1行，齿面平滑。侧线不完全，仅前面的3～7片鳞上具侧线孔。个体小。雄鱼具鲜艳的婚姻色，吻部及眼眶周缘具珠星；雌鱼具长的产卵管，将卵产于蚌的鳃瓣中。背鳍、臀鳍末根不分枝鳍虽不粗于各自首根分枝鳍条，但硬感明显，仅末端柔软。臀鳍起点约与背鳍基中央相对。

地理分布及生活习性： 分布于除青藏高原外的中国各地；国外见于朝鲜。生活于沟渠、池塘等浅水中，常见于泥沙较多、水流缓慢的水草处。以藻类为食。水族观赏养殖鱼类。

IUCN评估等级： 无危（Least Concern，LC）。

标本采集地： 东江干流河源江段。

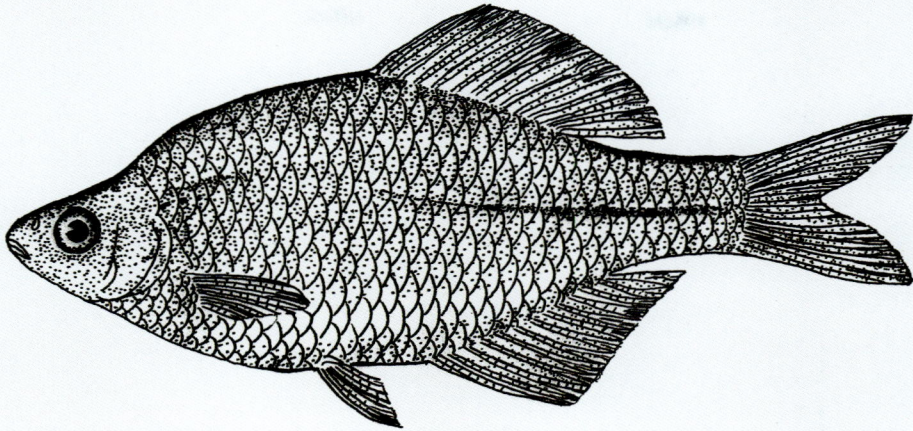

图片提供人：石月莹（依《广东淡水鱼类志》绘）

43．高体鳑鲏 *Rhodeus ocellatus*（Kner，1866）

地方名： 土扁屎、火片子

英文名： Rosy bitterling

形态特征： 体高而薄，呈卵圆形，头后背缘格外隆起。头短小。口小，端位，口裂极浅，上颌末端伸至鼻孔之下方，末端达眼下缘水平线上。口角无须。眼侧上位，第三眶下骨较狭，似半弧形。眼间较宽平。鳃膜连于颊部。侧线不完全。背鳍起点约在体中央，其末根不分枝鳍条不粗于首根分枝鳍条。臀鳍分枝鳍条8～12。繁殖季节雄鱼色彩绚丽，鳃盖后方有虹彩斑块，头部具珠星；雌鱼色彩暗淡，近金黄色，具产卵管。

地理分布及生活习性： 分布于长江以南各水系。个体小。繁殖期在4月底至5月初，产卵于蚌类的鳃瓣中。常见于湖泊、池塘及水流缓慢的浅水区。

IUCN 评估等级： 数据缺乏（Data deficient，DD）。

标本采集地： 枫树坝水库。

图片提供人：邓利、赵会宏

44．彩石鳑鲏 *Rhodeus lighti*（Wu，1931）

地方名： 鳑鲏

英文名： Light's bitterling

形态特征： 体高，扁薄，卵圆形。头短，其长约为体高之半。吻短而钝。口小，端位，上颌末端止于眼下缘水平线之下。口角无须。下咽齿 1 行，齿面具锯纹。侧线不完全，仅在前面 3～6 枚鳞片上具侧线孔。生殖期雄鱼的吻部具珠星，色泽鲜艳。雄鱼臀鳍外缘嵌有较宽黑边。背鳍起点在吻端和尾鳍基之间，或稍近后者，其末根不分枝鳍条粗细接近首根分枝鳍条，背鳍基长短于背鳍基末端至尾鳍基距离。尾鳍叉形。

地理分布及生活习性： 分布于全国各主要水系。栖息于水流缓慢、水草丰盛的环境内。以水生植物、浮游生物为食。卵长圆形，产于蚌的鳃瓣中。

IUCN 评估等级： 无危（Least Concern，LC）。

标本采集地： 增江。

图片提供人：潘德博

45．短须鱊 *Acheilognathus barbatulus* **Günther**，1873

地方名： 鬼打扁

形态特征： 体侧扁，轮廓呈长卵形。体最厚处也不及头长。头短。吻长短于眼径。口亚下位，口裂很小。口角具短须1对。侧线完全，几平直，后入尾柄中轴。雄鱼吻端有追星。背鳍、臀鳍末根不分枝鳍条粗壮。背鳍起点距吻端距离比距尾鳍基距离大。臀鳍起点与背鳍第5～第6鳍条相对。腹鳍起点在背鳍之前，居胸鳍基和臀鳍起点之间，或稍近后

图片提供人：赵俊

者。肛门接近腹鳍。胸鳍末端不达腹鳍。尾鳍深分叉。

地理分布及生活习性： 分布于长江、珠江、澜沧江水系。喜生活于水草较多的静水或缓流水域。产卵于河蚌的鳃瓣中，以高等植物和藻类为食。

IUCN 评估等级： 无危（Least Concern，LC）。

标本采集地： 广东惠州白盆珠水库。

46. 越南鳑 *Acheilognathus tonkinensis*（Vaillant，1892）

地方名： 屎片、罗片、土扁屎、桃花扁

形态特征： 体较高而扁薄，外形呈长卵圆形，头后背部显著隆起，腹缘浅弧形。头短小，三角形。吻稍突，吻长大于眼径。口小，亚下位。口角须1对，其长度约为眼径之半。背鳍位于身体最高处，具有2根硬刺，胸鳍末端达到腹鳍基部起点。臀鳍具有2根硬刺，其起点位于背鳍第6根分枝鳍条的垂直下方。尾鳍分叉深。侧线完全，成浅弧形下弯。侧线鳞32～35。体呈银灰色，鳃孔后上方具一黑斑，沿体侧中轴自背鳍中部之前下方至尾鳍基部有一条蓝色条纹。

地理分布及生活习性： 中国分布于长江以南各水系；越南北部及老挝也有分布。栖息于泥

图片提供人：邓利、赵会宏

沙底质、多水草的湖泊或河流的浅水区，常集群活动。以水生植物为主食。产卵于蚌类的
外套腔中。

IUCN 评估等级： 数据缺乏（Data deficient，DD）。

标本采集地： 东江干流河源江段。

47．兴凯鱊 *Acheilognathus chankaensis*（Dybowski，1872）

形态特征： 体扁薄，呈椭圆形。体高头短。口接近端位，上下颌几乎等长。无须。眼侧上
位。眼间宽而平。鳃裂上角与眼上缘差不多在同一水平线上，或稍超过。鳃膜与颊部相
连。下咽齿1行，齿面有锯纹。侧线完全，伸入尾中轴。背鳍、臀鳍有硬刺，末根不分枝
鳍条较首根分枝鳍条粗硬。背鳍起点在吻和尾鳍基之中或接近前者，背鳍基长于或接近背
鳍基末至尾鳍基距离。臀鳍基起点约对着背鳍基中央。腹鳍起点在背鳍起点之前下方。肛
门位于腹鳍基或在腹鳍与臀鳍之间。尾鳍分叉。

地理分布及生活习性： 分布于全国各主要水系。生活于江湖浅水区。主食藻类和植物碎
屑。生殖期在4～5月，雄鱼吻部具珠星，雌鱼产卵于蚌类的鳃瓣中。

IUCN 评估等级： 未予评估（Not Evaluated，NE）。

标本采集地： 增江。

图片提供人：赵俊

48．大鳍鱊 *Acheilognathus macropterus*（Bleeker，1871）

形态特征： 口近端位，略呈马蹄形。口角具一小须。咽齿侧扁，齿面有锯纹，末端呈钩
状。侧线完全。背鳍和臀鳍均有光滑硬刺。背鳍起点约位于体中，后于腹鳍。臀鳍起点约
与背鳍第六分枝鳍条相对。尾鳍叉形。鳔2室。腹膜黑色。体背部暗绿色或黄灰色，腹部
银白色。体侧在侧线起点附近及其后方各有一蓝黑斑点，沿尾柄中线向前有一条黑色纵

纹。背鳍和臀鳍具有2～3列小黑点。生殖季节雄鱼吻端及眶上缘出现白色珠星,雌鱼具长的灰色产卵管。幼鱼背鳍前部有一黑斑点。

地理分布及生活习性: 分布广泛,在浅水湖泊内数量较多。在静水或缓流、水草丛生的环境栖息。杂食性。生殖期4～6月。产卵于蚌类的鳃瓣中。

IUCN评估等级: 数据缺乏(Data deficient,DD)。

图片提供人:陈刚

49.条纹小鲃 *Puntius semifasciolatus*(Günther,1868)

地方名: 条纹二须鲃、黄金条、五线小鲃、半间鲫、班星鱼、南瓜子、五线无须鲃、七星鱼、红眼圈

英文名: Chinese barb

同物异名: *Barbodes semifasciolatus*(Günther,1868)

形态特征: 体侧扁,呈纺锤形。吻钝,吻长约与眼径相等。须1对。眼较大,上侧位。眼间隔宽且隆起。眼上方具红色光泽,鳞片大。口裂腹视马蹄形,向后伸达鼻孔下方而不抵眼前缘,上颌稍长于下颌。鱼体呈银青色,背部颜色较深,腹部金黄色。体侧具4条黑色横纹及若干不规则小黑点。尾鳍叉形,雄鱼的背鳍边缘及尾鳍带橘红色。雌鱼体侧有4～6块明显横斑,雄鱼腹部则为鲜红色,体侧同样具数块横斑。此外,雌雄鱼的各鱼鳍末端为淡橘红色,眼睛周围同为红色。

地理分布及生活习性: 喜栖息于平原河川中下游河沟的缓流区中。杂食性,以小型无脊椎动物及藻类为食。适应力强。

易辨识特征: 眼上方具红色光泽,体侧具4条黑色横纹及若干不规则小黑点。

IUCN评估等级: 无危(Least Concern,LC)。

标本采集地: 枫树坝水库。

图片提供人：赵会宏、钟煜

50．光倒刺鲃 *Spinibarbus hollandi* Oshima，1919

地方名： 青鳟、君鱼、白鲤、光眼鱼、黄娟、粗鳞鱼

形态特征： 体形近长筒形，尾部侧扁。背腹缘均为浅弧形。头宽，吻圆钝。口亚下位，上颌稍突出，下颌须稍长于上颌须。鼻孔近眼前缘。鳞大。侧线稍弯曲。背鳍及臀鳍基具鳞鞘，腹鳍基外侧具狭长的腋鳞。背鳍外缘平截，起点之前有一平卧前伸的倒刺，末根不分枝鳍条为软条。胸鳍末端远不达腹鳍起点。腹鳍位于背鳍起点之后下方，其起点至臀鳍起点较胸鳍起点略近。臀鳍末端不达尾鳍基，起点至尾鳍基较腹鳍起点为近。尾鳍叉形。背侧灰褐色，腹部乳白色，眼眶上缘具金黄色荧光。

地理分布及生活习性： 分布于长江、钱塘江、闽江、九龙江、珠江、元江、台湾及海南等水系。喜流水环境，一般栖息于底质多乱石而水流较湍急的江河中下层，尤喜在水色清澈的水域中生活。杂食性鱼类，4～5月在水流缓慢、水草较多处产黏性卵。

易辨识特征： 鳞大，体侧鳞片基部大都具一黑斑。背鳍外缘有黑色镶边。

IUCN 评估等级： 数据缺乏（Data deficient，DD）。

标本采集地： 江西定南水。

51. 侧条光唇鱼 *Acrossocheilus parallens*（Nichols，1931）

地方名： 石花鱼、花鱼、火烧鲮

形态特征： 体侧扁，头后缘显著隆起，腹部圆而呈浅弧形。吻突出，成体吻部具少数粒状角质突起。口下位，马蹄形。上唇紧包上颌；须发达，2 对，均细长，上颌须伸达口角，下颌须向后伸达眼后缘。背鳍后缘平截，幼鱼最后不分枝鳍条后缘有细弱的锯状齿，成鱼光滑。鳞中等大，胸、腹部有鳞，腹鳍基底具明显腋鳞。体浅褐色，腹面白色，背鳍鳍膜灰褐色。体侧具暗褐色纵带 1 条，横带 6~7 条。

地理分布及生活习性： 东江水系的和平县、连平县、新丰县、博罗、罗浮山，北江水系的始兴县、乐昌、韶关、连县、英德，以及西江水系的郁南县，江西寻乌县、安远县等地有分布。喜栖息于石砾底质、水清流急之河溪中，摄食石块上的苔藓及藻类。

IUCN 评估等级： 无危（Least Concern，LC）。

物种保护等级： 中国特有物种。

标本采集地： 江西安远县。

图片提供人：邓利、赵会宏、钟煜

52．北江光唇鱼 *Acrossocheilus beijiangensis* Wu & Lin，1977

形态特征： 体侧扁，体高略大于头长。吻较突，吻皮止于上唇基部。吻两侧在前眶骨前缘有斜沟入口角。眼上位。鼻孔距眼前缘比距吻端近。口下位，口裂为马蹄形。腹圆无棱。须2对，发达，上颌须向后抵达口角，下颌须向后伸越眼中缘。背鳍末根不分枝鳍条粗壮，后缘具细密锯齿。腹鳍基部明显有腋鳞。体侧有5~6根黑色条纹，背鳍间膜具黑条。尾鳍叉形，外侧最长鳍条约为中央最短鳍条2倍。侧线完全而平直，径行于尾柄中轴。

地理分布及生活习性： 分布于珠江水系。

IUCN 评估等级： 无危（Least Concern，LC）。

物种保护等级： 中国特有种。

标本采集地： 新丰江。

图片提供人：赵会宏

53．厚唇光唇鱼 *Acrossocheilus paradoxus*（Günther，1868）

同物异名： *Acrossocheilus labiatus*（Regan，1908）

形态特征： 体长，侧扁，背部弧形，腹部圆。头侧扁，其长约与体高相等。吻钝，突出。口下位，下颌弧形，前缘露于唇外。唇厚，下唇分两侧瓣，在颏部中央互相接触。须2对，颌须稍大于眼径。背鳍刺极细，后缘光滑，末端柔软。雌体体侧有6条垂直黑狭条。雄体中轴具纵纹，垂直条纹在侧线之上。

地理分布及生活习性： 分布于江西赣州、台湾、浙江、福建和广西等地水系。生活在山涧

图片提供人：周行

溪流中。小型鱼类。常栖息于砾石底的急流处。

IUCN 评估等级: 未予评估(Not Evaluated, NE)。

54．粗须白甲鱼 *Onychostoma barbatum*(Lin, 1931)

形态特征: 体长,侧扁。头较短。吻钝。口下位,横裂,较窄,头长为口宽的 3 倍。下颌前缘具角质。须 2 对,吻须极短,颌须大于眼径的 1/2。背鳍无硬刺。胸鳍末端远不达腹鳍起点。腹鳍末端远不达肛门。臀鳍紧接肛门之后,末端不达尾鳍基。尾鳍叉形。体侧中轴有一纵黑条。

地理分布及生活习性: 分布于珠江水系及湖南湘江等长江支流。下层鱼类。多栖居于水流湍急、砾石底质的江河中。常以着生藻类及植物碎片为食。个体不大,有一定的经济价值。

IUCN 评估等级: 数据缺乏(Data deficient, DD)。

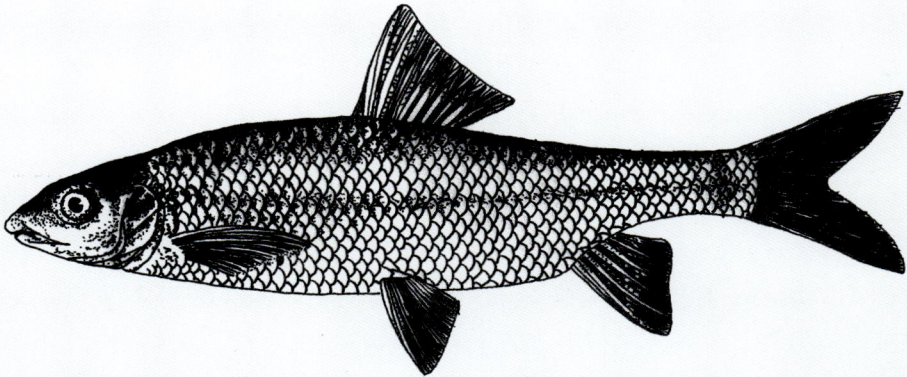

图片提供人:石月莹〔依《中国动物志　硬骨鱼纲　鲤形目》(下卷)绘〕

55．台湾白甲鱼 *Onychostoma barbatulum*(Pellegrin, 1908)

英文名: Taiwan shoveljaw carp

同物异名: *Varicorhinus tamusuiensis* Oshima, 1919

形态特征: 体纺锤形,稍侧扁。头宽短。吻圆钝。须 2 对,均极短小。口宽,口下位,横裂,口裂两侧接近头腹面的侧缘,头长约为口宽的 2 倍。下颌角质边缘锐利。眼中等大,侧上位,稍近吻端。鳞片中等大,胸部鳞片略小。背鳍和臀鳍基具鳞鞘。腹鳍基外侧具腋鳞。侧线完全,微弯,后延至尾柄正中。背鳍无硬刺。

地理分布及生活习性: 分布于珠江、闽江、灵江及台湾。生活在江河下层,常在水流较急、砾石底质的江段活动,刮食着生藻类和植物碎屑。

IUCN 评估等级: 数据缺乏(Data deficient, DD)。

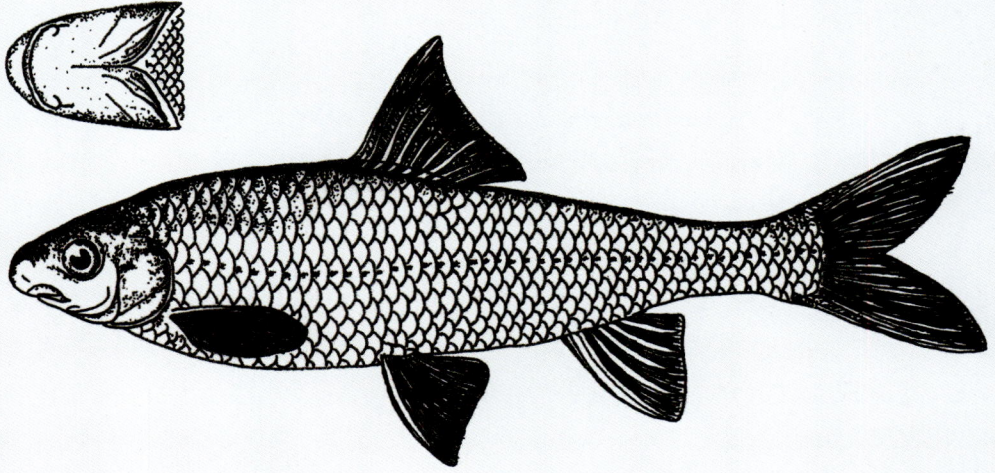

图片提供人：石月莹［依《中国动物志　硬骨鱼纲　鲤形目》（下卷）绘］

56. 小口白甲鱼 *Onychostoma lini*（Wu，1939）

地方名： 红尾子

同物异名： *Varicorhinus lini* Wu，1939

形态特征： 体长，稍侧扁。头短，圆钝。口较小，下位，下颌具角质边缘。须 2 对，吻须 1 对细小，颌须 1 对较长。背鳍具有带锯齿的硬刺。胸腹部鳞片比体侧小些。背鳍、臀鳍基部有鳞鞘，腹部基有狭长腋鳞。侧线较平直，后行入尾柄中央。尾柄较细。背鳍有带锯齿的硬刺。体银白色，背部灰黑色，尾鳍稍红。

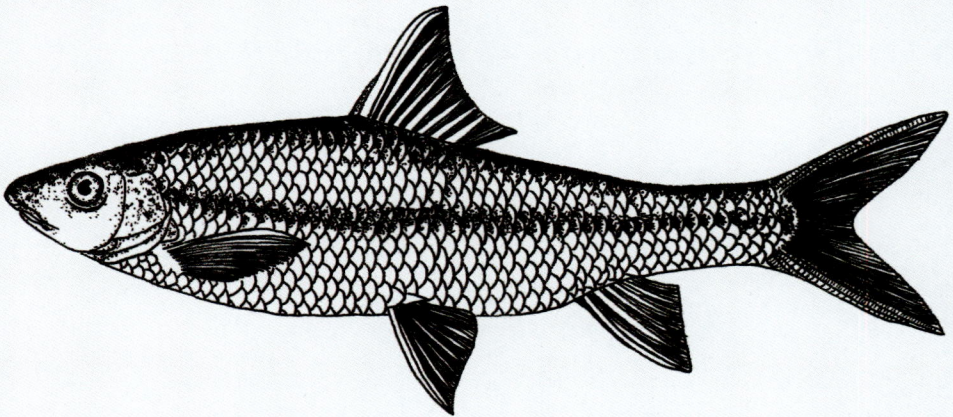

图片提供人：石月莹［依《中国动物志　硬骨鱼纲　鲤形目》（下卷）绘］

地理分布及生活习性：分布于长江以南各水系。为江河流水生活的鱼类。个体不大。

IUCN 评估等级：数据缺乏（Data deficient，DD）。

物种保护等级：中国特有种。

57．南方白甲鱼 *Onychostoma gerlachi*（Peters，1881）

地方名：香榄鱼、红尾榄、平头榄、滩头鲮、齐口鲮、石鲮

同物异名：*Varicorhinus gerlachi* Peters，1881

形态特征：体长，侧扁。吻圆锥形。口下位，横裂，下颌骨具角质边缘，上颌末端达鼻孔后缘的下方。唇薄，下唇与下颌愈合，唇后沟仅限于口角，无须。背鳍具硬刺，其后缘具强锯齿，起点距吻端小于距尾鳍基。臀鳍末端不伸达尾鳍基。尾鳍深叉形。鳞片中等大，腹鳍基部的腋鳞发达。侧线贯穿体中轴，前部稍弯曲。体银白色，侧线上部的鳞片着色较深。

地理分布及生活习性：分布于珠江、元江、澜沧江和海南各水系。江河的中下层鱼类。多栖居于清水石底河段。以着生藻类为食。亲鱼集群在河溪石滩水流通畅处产卵。

IUCN 评估等级：近危（Near Threatened，NT）。

图片提供人：赵会宏

58．瓣结鱼 *Folifer brevifilis*（Peters，1881）

地方名：哈司、重口、腊巨

同物异名：*Tor brevifilis*（Peters，1881）

形态特征：体细长侧扁。口大，下位，呈马蹄形，前上颌骨能自由伸缩。上下唇厚，上唇由沟痕分成中叶和侧叶，下唇分3叶，中央有一狭长中叶，向后几乎达到口角垂直线。须2对，侧线鳞45～46。背鳍具粗壮硬刺，后缘有锯齿。体侧大部分鳞片的基部有新月形黑斑。鳞片中等大，胸部的鳞片明显小于体侧鳞片，胸鳍腋鳞明显，侧线平直。背鳍、尾鳍

暗黑色,其他各鳍灰白色。尾鳍叉形。

地理分布及生活习性: 分布较广,长江上游干流及各支流、沅江、清江、珠江、闽江、澜沧江、元江及海南等水域均产此鱼,尤其在长江上游,产量最多,为产区的一种普通食用鱼。生活于清澈流水中的中下层。杂食性,以底栖软体动物、水生昆虫及其幼虫为食,兼食植物碎片和丝状藻类。

易辨识特征: 体侧大部分鳞片的基部有新月形黑斑。

IUCN 评估等级: 数据缺乏(Data deficient,DD)。

图片提供人:赵俊

59. 纹唇鱼 *Osteochilus salsburyi* Nichols & Pope,1927

地方名: 土狗鲫、土腩鱼、假鲮、肉鲮、石头鲮

形态特征: 体侧扁。头短。吻前突。唇发达,与上下颌分离,在两侧向外翻卷,露出唇内

图片提供人:邓利、赵会宏

面明显的斜条形皮质纹褶，下唇中部的内面皮褶断成多列的尖形小乳突。须 2 对，颌须稍长。眼中等大，位于头侧中央。眼间较宽，呈弧形。体侧近尾柄处常有一不很明显的纵条。体背部灰黑色，腹部灰白色。

地理分布及生活习性： 分布于珠江、闽江、九龙江、元江等水系及海南。为我国南方溪流中的小型经济鱼类。喜居小河溪流，也可在静水中生活。食性杂。

IUCN 评估等级： 无危（Least Concern，LC）。

标本采集地： 江西安远县。

60．露斯塔野鲮 *Labeo rohita*（Hamilton，1822）

地方名： 野鲮

英文名： Roho labeo

同物异名： *Cyprinus rohita* Hamilton，1822

形态特征： 体长而侧扁。吻皮覆盖着上唇的基部，有深沟与上唇分开。眼小，上侧位，舌状下颌十分明显。上唇不包着上颌，有沟相隔，下唇与下颌分开，独立的下唇片外翻；上、下唇均有许多颗粒状乳突生于表面；两侧的唇后沟短，前端有横的颏沟通过下唇的背面而贯通，下颌须 1 对，细而短，着生于口角处。鳞片中等大。背鳍后缘微内凹，无硬刺，起点距吻端显著小于距尾鳍基。臀鳍后缘内凹，向后几乎伸达尾鳍基。胸鳍约与背鳍最后不分枝鳍条等长。腹鳍起点与背鳍第三分枝鳍条相对。尾鳍分叉。

地理分布及生活习性： 由泰国引进，中国广东许多地区都有养殖。栖息于暖水水域，喜跳跃。食性杂，成鱼以食植物为主，幼鱼以食浮游生物为主，食量大，摄食力强。

IUCN 评估等级： 无危（Least Concern，LC）。

图片提供人：赵会宏

61. 麦瑞加拉鲮 *Cirrhinus cirrhosus*（Bloch，1795）

地方名： 麦鲮、印度鲮

英文名： Mrigal carp

形态特征： 体呈梭形，略侧扁。头部较小。口下位，口裂呈弧状。吻圆钝，上下唇的边缘薄。上唇一体，下唇不连续，下唇非常不明显。有须2对，侧线完全。身体左右对称，流线型。圆鳞，头无鳞。鳞片中等大小。背鳍起始处距头部比尾部更近，最后一根非分枝鳍条非骨质、非锯齿状。尾鳍深分叉。臀鳍未扩展至尾鳍。侧线有40～45片鳞。背部通常为深灰色，腹部银色，背鳍灰色，胸鳍、腹鳍、臀鳍尖端为橘黄色（尤其是繁殖季节）。

地理分布及生活习性： 印度四大养殖鱼类之一，1982年从印度引入中国。生活在水体的底层。食性杂，主要摄食浮游生物、有机碎屑、附生藻类。繁殖季节为5～8月。

IUCN评估等级： 易危（Vulnerable，VU）（D2）。

图片提供人：赵会宏

62. 鲮 *Cirrhina molitorella*（Valenciennes，1844）

地方名： 花鲮、土鲮、鲮公、雪鲮

英文名： Mud carp

形态特征： 体长侧扁，背部在背鳍前方稍隆起，腹部圆而稍平直。头短小。吻圆钝，吻长略大于眼径。口小，下位，呈弧形。上唇边缘呈细波形，唇后沟中断，下唇边缘布满乳突。上下颌具角质锐缘，与唇分离。须2对，吻须较粗壮，颌须较短小或退化仅留痕迹。下咽齿3行。鳞中等大，圆形。侧线平直，侧线鳞38～42。背鳍无硬刺，其起点至尾基的距离大于至吻端的距离。胸鳍尖短，尾鳍宽，深叉形。体青白色，有银白色光泽。胸鳍上方、侧线上下有8～12鳞片的基部有黑斑，堆聚成菱形斑块。幼鱼尾鳞基部有一黑色斑点。

地理分布及生活习性： 分布于广东及海南各水系。栖息于江河中下层，偶尔进入静水水体中。以着生藻类为主要食物，常以其下颌的角质边缘在水底岩石等物体上刮取食物，亦采食浮游动物、高等植物的碎屑及水底腐殖物质。

易辨识特征：胸鳍上方、侧线上下 8～12 鳞片的基部有黑斑，堆聚成菱形斑块。

IUCN 评估等级：近危（Near Threatened，NT）。

物种保护等级：中国南方特有种，珠江水系常见鱼类。

标本采集地：枫树坝水库。

图片提供人：邓利、赵会宏

63．东方墨头鱼 *Garra orientalis* Nichols，1925

地方名：狮子鱼、崩鼻鱼、墨鱼、乌鱼、癞鼻子鱼

形态特征：体长，圆筒形，腹部扁平，尾部侧扁。头宽。吻圆钝，前端有很多粗糙的角质突起。鼻前深陷，将吻分作两部，上部为游离的吻突，雄性更为显著，并具发达珠星，幼鱼不明显。口下位，呈新月形。上唇边缘呈流苏状，下唇有发达的圆形吸盘，中央为肉质垫，周缘有游离的薄片；其后缘较前缘略宽，上有乳状小突起，肉质垫与前端薄片间有一浅沟，须 2 对。鳞较大，腹面鳞片在胸鳍基部之前，退化变小。背鳍无硬刺。体背深黑色，腹部灰白色，各鳍灰黑色，略带橙色，幼鱼橙色较显著。体侧每个鳞片后部均有一黑斑，故形成体两侧各有 6 条黑色平行的条纹。

地理分布及生活习性：分布于我国南方珠江、闽江、九龙江、韩江、元江、海南等水系。常栖息于江河、山涧水流湍急的环境中，营底栖生活。食物多为着生藻类。产卵须有流水条件，故多在丰水期产卵。

易辨识特征：体侧每个鳞片后部均有一黑斑，故形成体两侧各有 6 条黑色平行的条纹。

IUCN 评估等级：无危（Least Concern，LC）。

标本采集地：增江。

图片提供人：赵俊

64．四须盘鮈 *Discogobio tetrabarbatus* Lin，1931

俗名：油鱼、坑鱼、凤鱼

形态特征：体圆筒形，腹部平，尾部侧扁。头稍扁平，头顶微凸，头腹面平坦。吻突出，圆钝而宽阔，两侧各有 1 枚明显的角质突。口下位，稍呈弧形。吻皮下包与上唇相连，盖住上颌，边缘分裂成流苏状，布满小乳突。下唇宽阔，中间形成一前面和两侧隆起的马蹄形小吸盘，唇侧后缘薄片游离。上下颌边缘的角质层不锐利。须 2 对，吻须较长。背鳍无硬刺。鳞小。体灰黑色，背部墨黑色，腹部乳白色，各鳍灰黑色，背鳍间膜或有黑斑。尾鳍上下叶或具黑条纹，鳃盖上角有一黑斑，体侧鳞片有黑斑，连成 6～7 列纵纹。

地理分布及生活习性：分布于云南、贵州、广西和广东。生活于山区河流多砾石的溪流河段。

IUCN 评估等级：无危（Least Concern，LC）。

图片提供人：赵会宏、邓利

65．间鲭 *Hemibarbus medius* Yue，1995

形态特征： 体长，略侧扁。口中等大，马蹄形，尾柄细长。唇稍厚，侧叶无褶皱。须1对，位口角。眼大，侧上位。背鳍短，具光滑硬刺，较纤细，其长约为头长的2/3。体青灰色，体侧常具多数小黑点，成体无斑，小个体侧线上方有9～11个浅黑斑。背鳍、尾鳍淡灰色，其他各鳍灰白色。

地理分布及生活习性： 分布于北江、东江。常栖息于江、河、湖泊的中下层。小型经济鱼类。杂食性。

IUCN 评估等级： 未予评估（Not Evaluated，NE）。

图片提供人：赵会宏

66. 花棘鲄 *Hemibarbus umbrifer*（Lin，1931）

同物异名：*Paraleucogobio umbrifer* Lin，1931

形态特征：体较细，略侧扁，头后背部至背鳍起点稍隆起，尾柄较细长。头长为吻长的 2.3 倍以上。口下位，近马蹄形。须 1 对，位于口角。眼大，侧上位。侧线完全，平直。背鳍较短小，具光滑的硬刺。体侧具小斑点，侧线上方有 6～9 个圆形大黑斑。体浅灰黑色，腹部白色。

地理分布及生活习性：分布于珠江及北江。生活于水体的中下层，以水生无脊椎动物为食。具一定的经济价值。

IUCN 评估等级：无危（Least Concern，LC）。

图片提供人：赵俊

67．唇餶 *Hemibarbus labeo*（Pallas，1776）

地方名：钩仔鱼、黄头竹、重唇鱼

英文名：Barbel steed

形态特征：体长，略侧扁。口大，下位，马蹄形，但口角不达眼前缘的下方。唇发达，肥厚，分3叶，下唇侧叶极宽厚，具皱褶，吻长，显著或略大于眼后头长，口角具须1对，背鳍硬刺粗长，约为头长的2/3，鳃耙15以上。体背青灰色，腹部白色。成鱼体侧无斑。小个体具不明显的黑斑。体侧鳞片由黑色边缘构成网纹状鳞片轮廓线。背鳍、尾鳍灰黑色，其他各鳍灰白色。

地理分布及生活习性：分布于中国各主要水系。常栖息于水流水面宽广的深水区中下水层。摄食水生昆虫和软体动物。产卵期4～5月，在流水中进行。

IUCN评估等级：未予评估（Not Evaluated，NE）。

标本采集地：东江干流龙川河段。

图片提供人：赵会宏

68．长吻鮠 *Hemibarbus longirostris*（Regan，1908）

形态特征： 体较细长，稍侧扁。背鳍前方直至头部的正中略向下凹陷，尾柄细长，腹部圆。头甚细长，其长度远超过体高。吻长，特别尖细，呈长锥形，其长远大于眼后头长。口下位，近马蹄形。唇稍发达，下唇侧叶略狭，颏部正中具三角形突起。唇后沟中断。口角具须1对，须长略小于眼径。侧线完全，平直。体背灰褐色，略暗，腹部白色。体侧中轴沿侧线的稍上方具6～9个较大的圆形黑斑，自侧线以下的两行鳞片起至体背部正中的每个鳞片基部均具有一黑点，连成多行纵纹。背鳍短小，外缘平截。背鳍和尾鳍上亦有由多数小黑点组成的条纹，其他各鳍灰白色。

地理分布及生活习性： 分布于鸭绿江、辽河、灵江、钱塘江和珠江等水系。是生活在水体中、下层的小型鱼类。栖息于底质为砂砾的流水中。以水生昆虫及其幼虫为食。

IUCN 评估等级： 无危（Least Concern，LC）。

图片提供人：石月莹（依《广东淡水鱼类志》绘）

69．麦穗鱼 *Pseudorasbora parva*（Temminck & Schlegel，1846）

地方名： 罗汉鱼、假青衣、尖嘴仔、浮水仔

英文名： Stone moroko

形态特征： 体细长，稍侧扁，尾柄较长，腹部圆。头小而略尖，上下略扁平。吻略尖而突出。口小，上位，口裂近乎垂直。唇薄。体被中大型的圆鳞；侧线完全而平直。体背侧银灰色，腹侧灰白色，体侧鳞片后缘具新月形黑斑。雄鱼在繁殖季节，吻部有明显的珠星。雌鱼及幼鱼体色较淡，体侧中央有1条黑色纵带。

地理分布及生活习性： 分布极广，几乎所有淡水水域都有它的踪迹。为平地河川、湖泊及沟渠中常见的小型鱼类。雄鱼有护卵的习性。杂食性，主要以水生植物、藻类、浮游动物及水生昆虫等为食。

IUCN 评估等级： 无危（Least Concern，LC）。

标本采集地： 东江干流河源江段。

图片提供人：邓利、赵会宏

70．华鳈 *Sarcocheilichthys sinensis sinensis* Bleeker，1871

地方名： 花石鲫、黄棕鱼、山鲤子

英文名： Chinese lake gudgeon

形态特征： 体长，侧扁，头后背部显著隆起，尾柄短而高。头短小。吻圆钝。口小，下位，呈马蹄形。下唇限于两侧口角处，下颌骨具发达的角质边缘，极微细。背鳍刺仅基部较硬，末端柔软分节，背鳍起点距吻端比距尾鳍基为近。臀鳍甚短。尾鳍分叉较浅，侧线

平直。体背部灰黑色，腹部灰白色；体侧有 4 块宽阔的黑斑块，其宽度约等于或稍大于两斑块之间的间隔，此斑块在幼鱼时特别显著。各鳍灰黑色，边缘白色；生殖时期体色及各鳍浓黑，雄鱼吻部具白色珠星，雌鱼产卵管延长。

地理分布及生活习性：分布极广，除西北高原的部分地区外，几乎遍布全国各主要水系，在平原地区的江、河、湖泊均有分布。一般生活在水流缓慢的中下层水体，用下颌刮食附着在砾石上的藻类、底栖无脊椎动物及植物碎屑。5～6 月繁殖，卵黏性。

易辨识特征：体侧有 4 块宽阔的黑斑块，其宽度约等于或稍大于两斑块之间的间隔，此斑块在幼鱼时特别显著。

IUCN 评估等级：无危（Least Concern，LC）。

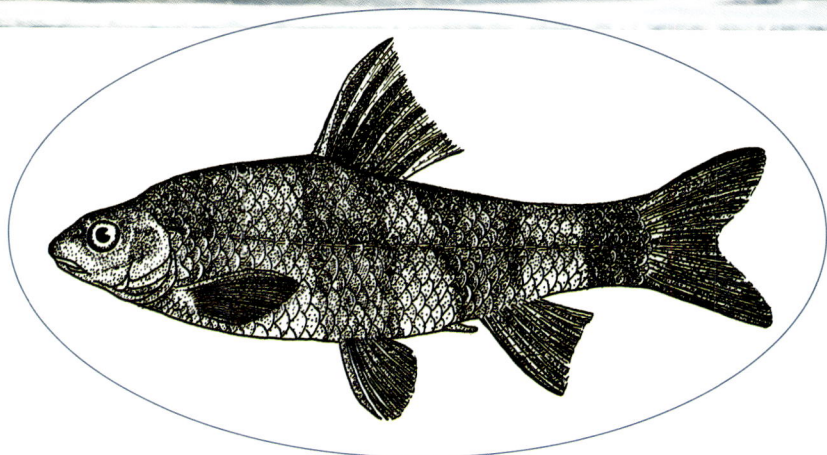

图片提供人：周行、石月莹（依《广东淡水鱼类志》绘）

71．黑鳍鳈 *Sarcocheilichthys nigripinnis nigripinnis*（Günther，1873）

地方名： 花腰、花玉穗、花花媳妇、花花鱼

英文名： Rainbow gudgeon

形态特征： 体长，略侧扁，尾柄稍短，腹部圆。头较小。吻略短，圆钝，稍突出。口小，下位，呈弧形。唇较薄，下唇狭长，前伸几达下颌前缘。唇后沟中断，间隔狭窄，下颌前缘角质层较薄。须退化，一般仅留痕迹。眼小，位于头侧上方，位略前，眼后头长远大于

图片提供人：邓利、赵会宏

吻长。眼间较宽，稍隆起。体被圆鳞，中等大小，侧线完全，较平直。背鳍短，无硬刺，其起点距吻端远小于至尾鳍基的距离。胸鳍较短小，后缘圆钝，不达腹鳍起点。腹鳍末端可达肛门，其起点位于背鳍起点之稍后方。肛门位置约在腹鳍基与臀鳍起点间的中点。臀鳍短，起点距腹鳍基较至尾鳍基为近。尾鳍分叉，上下叶等长，末端稍呈圆钝形。体背及体侧灰暗，间杂有黑色和棕黄色的斑纹，腹部白色。体侧中轴沿侧线自鳃盖后上角至尾鳍基具黑色纵纹，鳃盖后缘、颊部、胸部均呈橘黄色，鳃孔后缘的体前部具有一条深黑色的垂直条纹，背鳍、尾鳍灰黑色较深，其他各鳍呈黑色。生殖期间雄鱼体侧斑纹黑色更明显，一般呈浓黑色，颊部、颌部及胸鳍基部处为橙红色，尾鳍呈黄色，吻部具有较多白色珠星；雌鱼产卵管稍延长，体色不及雄鱼鲜艳。

地理分布及生活习性： 珠江、闽江、钱塘江、长江、黄河及海南、台湾诸水系均有分布。栖息于水流缓慢、水草丛生的河汊中。摄食浮游动物、水生昆虫、环节动物及腐殖质。

易辨识特征： 体背及体侧灰暗，间杂有黑色和棕黄色的斑纹，腹部白色。

IUCN 评估等级： 未予评估（Not Evaluated，NE）。

标本采集地： 东江河源江段。

72. 小鳈 *Sarcocheilichthys parvus* Nichols，1930

形态特征： 体较小，稍长，略侧扁，尾柄粗短。头小。吻短钝。口极小。具 1 对口角须。体侧有一黑色纵纹。背鳍无硬刺，鳍条较长。胸鳍较短，后缘圆钝，尾鳍分叉浅。体灰色微带黑。体侧中轴自吻部至尾鳍基部有一黑条纹。繁殖季节雄鱼吻部具珠星，雌鱼产卵管稍延长。

地理分布及生活习性： 分布于东江、北江、韩江。中下层鱼类。喜生活在水质清澈的石底山溪和小河中。繁殖季节在 4～5 月。小型鱼类。

IUCN 评估等级： 无危（Least Concern，LC）。

图片提供人：邓利、赵会宏

73．银鮈 *Squalidus argentatus*（Sauvage & Dabry de Thiersant，1874）

地方名：亮壳、亮幌子、白头明鱼、油鱼仔

形态特征：体长，前端几呈圆筒形，腹部圆。头略呈锥形。吻稍尖。口亚下位，稍呈马蹄形。唇薄，简单，下唇侧叶窄狭，唇后沟向前中断于下唇的前缘。口角须1对。背鳍较短无硬刺。体银灰色，腹部银白色，体侧中轴自鳃孔上角至尾鳍基部有1条银灰色的条纹。

地理分布及生活习性：分布于元江、长江、富春江、珠江及黄河等水系。常见的小型鱼类。喜栖息于水体的中下层。生殖期为5月，主要摄食水生昆虫，其次为藻类和水生高等植物。

IUCN评估等级：数据缺乏（Data deficient，DD）。

标本采集地：东江河源江段。

图片提供人：邓利、赵会宏

74. 胡鮈 *Huigobio chenhsienensis* Fang，1938

形态特征：体粗壮，前部圆筒形，后部侧扁。头短小，头长几乎等于体高。口角须 1 对，短小。吻圆钝，在鼻孔前方有凹陷。眼间隔约等于眼后头长。口裂在口角处微弯，伸达鼻

图片提供人：赵俊

孔下方。臀鳍无硬刺，分枝鳍条 5 根。背鳍无硬刺，起点距吻端较其基底后端距尾鳍基为远。下咽齿 1 行，侧线鳞 35～37。唇发达，上下唇均具乳突；下唇明显分 3 叶，中叶心脏形，侧叶向后扩展成翼状。活体背侧棕黑色，腹部浅棕色。背鳍和尾鳍有许多小黑点，其余各鳍浅灰色。

地理分布及生活习性： 分布于曹娥江、珠江。小型鱼类。生活于水体中下层，以藻类、水生昆虫等为食。

IUCN 评估等级： 无危（Least Concern，LC）。

标本采集地： 枫树坝水库上游。

75．棒花鱼 *Abbottina rivularis*（Basilewsky，1855）

地方名： 爬虎鱼、沙锤、花里棒子

英文名： Chinese false gudgeon

形态特征： 体长，前段粗壮。鼻孔前方下陷。吻显著突出。唇厚，上唇的褶皱不显著，下唇侧叶光滑。上下颌无角质边缘。须 1 对，较粗。背鳍无硬刺，位于背部最高处。体侧呈棕黄色，吻及眼后各有 1 条纵纹。体侧上部每一鳞片后缘有一黑色斑点，各鳍为淡黄色。背鳍和尾鳍上有许多小黑点，胸鳍则有少数黑斑点，臀鳍无斑点。

图片提供人：邓利、赵会宏

地理分布及生活习性：广泛分布于黑龙江至珠江流域。主要生活于河流及沙底处。摄食无脊椎动物。在沙底掘坑为巢，产卵其中，雄鱼有筑巢和护巢的习性。

易辨识特征：体侧上部每一鳞片后缘有一黑色斑点，各鳍为淡黄色。背鳍和尾鳍上有许多小黑点，胸鳍则有少数黑斑点，臀鳍无斑点。

IUCN 评估等级：未予评估（Not Evaluated，NE）。

标本采集地：枫树坝水库上游。

76. 乐山小鳔鮈 *Microphysogobio kiatingensis*（Wu，1930）

形态特征：体长，前段稍粗壮，向后渐侧扁，腹面圆，尾柄较细。头略短，锥形。吻稍尖，其长几与眼后头长相等，鼻孔前方下陷，但不明显。口下位，稍宽，深弧形。唇厚，较发达，具显著乳突，上唇中央乳突较大，近口角处成多行小乳突；下唇分 3 叶，中央 1 对卵圆形紧靠的大肉质突，上具小乳突，两侧叶大，后伸至口角处与上唇相连，上有多数明显乳突。上下颌角质边缘发达。须 1 对，位口角，长度小于眼径。眼中等大，侧上位，眼间平坦，眼间距等于或略小于眼径。体被圆鳞，胸鳍基部之前裸露。侧线完全，前部略下弯，腹鳍起点之后平直。背鳍无硬刺，外缘略凹，起点至吻端约与其基部后端至尾鳍基相等。胸鳍较短，后缘稍圆钝，末端远不达腹鳍起点。腹鳍起点为背鳍基部中央的下方，与背鳍第三、第四根分枝鳍条相对。臀鳍短，起点至尾鳍基的距离小于至腹鳍起点。尾鳍分叉，上下叶几等长。下咽齿稍侧扁，纤细，末端尖。鳃耙不发达，在鳃弓弯曲处留数枚短锥形鳃耙，其他均为呈瘤状小突的痕迹。体浅灰黑色，背部稍暗，腹部灰白色。背部正中有 56 个较大的黑斑，体侧中轴有一较宽的灰暗纵纹，通常在此纹上带有 8～11 个黑斑。背鳍、尾鳍具多个小黑点，胸鳍、腹鳍上亦有，臀鳍灰白色。

地理分布及生活习性：分布于珠江、灵江、长江中上游及以南各河流。底层生活的小型鱼类。

IUCN 评估等级：无危（Least Concern，LC）。

标本采集地：秋香江、西枝江。

图片提供人：赵俊

77. 嘉积小鳔鮈 *Microphysogobio kachekensis*（Oshima，1926）

形态特征： 体长，略呈长方形，后部稍侧扁。头长，头顶部平坦，尾柄部较长。口下位。上唇肉质，呈指状分裂，下唇甚厚，中央有一对肉质突起。上下颌外缘具角质。须1对。眼稍大，侧上位，眼间距宽，头长为眼径的3倍，为眼间距的5倍以下。侧线鳞34，侧线完全，微下弯，伸入尾鳍基部的中轴。背鳍较高，前部鳍条最长，胸鳍较长，末端几达腹鳍基部。

地理分布及生活习性： 分布于海南及广东东江水系。小型鱼类。常生活于水体底层。

IUCN评估等级： 无危（Least Concern，LC）。

物种保护等级： 中国特有种。

标本采集地： 秋香江、西枝江。

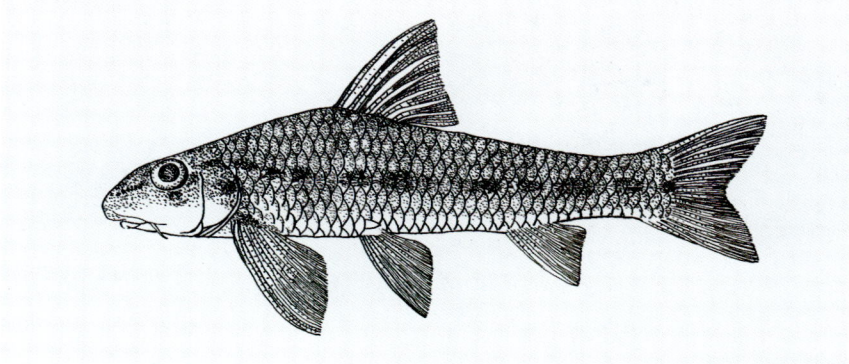

图片提供人：赵会宏、刘全儒（依《广东淡水鱼类志》绘）

78. 福建小鳔鮈 *Microphysogobio fukiensis*（Nichols，1926）

同物异名： *Pseudogobio fukiensis* Nichols，1926

形态特征： 体长，前段略呈圆筒形，后段侧扁，腹部稍圆。吻圆钝，鼻孔前方下陷。口下位，呈马蹄形。唇厚，极发达，上下唇均具明显乳突。须1对，其长约等于眼径。背鳍无硬刺。胸鳍较长且尖，末端不达腹鳍起点。臀鳍不分枝鳍条通常为5根。体灰黑色，腹部白色。体侧中轴具7~8个黑斑块，横跨背部有5~6个大黑斑块。

地理分布及生活习性： 分布于东江、北江、韩江。小型鱼类。常生活于水底层。

IUCN评估等级： 无危（Least Concern，LC）。

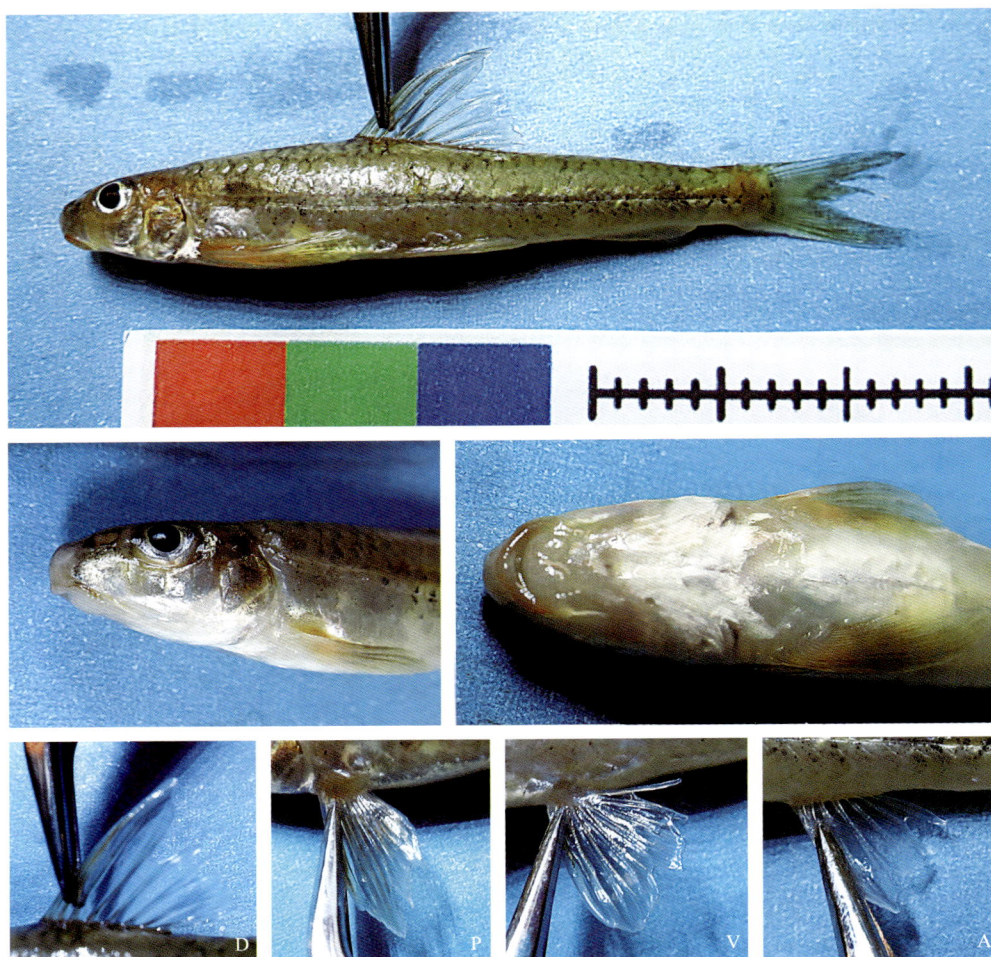

图片提供人：邓利

79. 长体小鳔鮈 *Microphysogobio elongata*（Yao & Yang，1977）

形态特征： 体低而长，稍侧扁，腹部平坦，尾柄细长。头中等大，圆锥形，头长大于体高。吻突出，圆锥形，在鼻孔前方凹入。眼大，眼间隔狭而平。下唇褶分为3叶，均肥大，中叶分为左右2小叶，呈卵圆形的肉质突起，"V"字形排列，左右侧叶发达，向后伸展，均有许多小乳突，排成4~5行，在口角与上唇褶相连。鳃耙不发达。侧线几乎平直，伸达尾鳍基。背鳍上缘凹入。尾鳍深叉形，上下叶末端尖。体背侧棕褐色，腹部浅棕色。体背隐有5个大黑斑，体侧有8个黑色的大斑纹。头侧自眼前缘至吻端有一黑色的条纹。背鳍和尾鳍上有许多黑色条纹。

地理分布及生活习性： 分布于广东鉴江水系。

IUCN 评估等级： 未予评估（Not Evaluated，NE）。

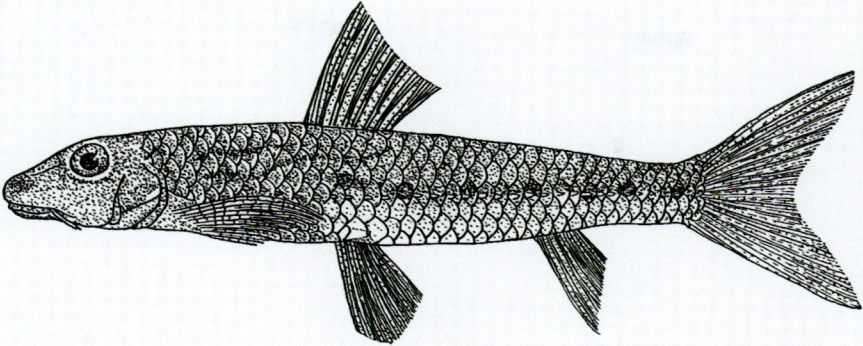

图片提供人：刘全儒（依《广东淡水鱼类志》绘）

80. 似鲮小鳔鉤 *Microphysogobio labeoides*（**Nichols & Pope，1927**）

形态特征： 体长，稍侧扁，胸、腹部平坦，尾柄侧扁。头长，其长大于体高。吻略尖突，鼻孔前部明显下陷。口小，下位。唇厚，乳突发达，下唇中部圆形肉质突较大，两侧叶极发达。上下颌具角质缘。须长约等于眼径。侧线鳞38～40。胸鳍尖长，末端超过腹鳍起点。臀鳍具6根分枝鳍条。尾鳍深叉，末端尖。

地理分布及生活习性： 分布于海南和珠江水系。小型鱼类。

IUCN 评估等级： 数据缺乏（Data deficient，DD）。

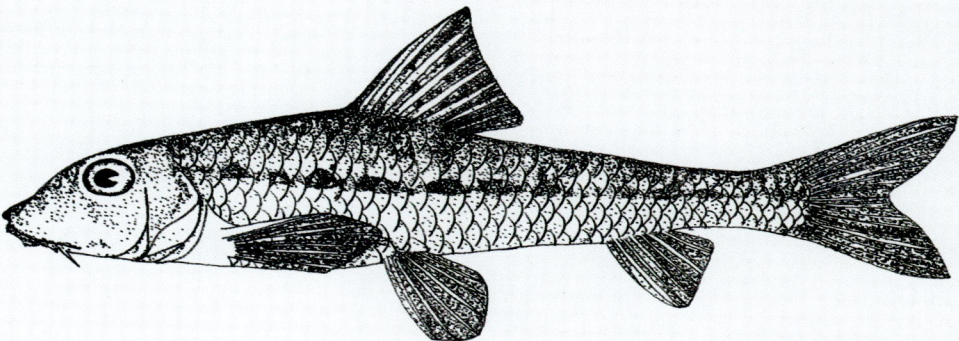

图片提供人：石月莹（依《珠江鱼类志》绘）

81. 似鉤 *Pseudogobio vaillanti*（**Sauvage，1878**）

地方名： 马头鱼、肉公

同物异名： *Pseudogobio anderssoni* Rendahl，1928

形态特征： 体长，圆筒形，尾柄细长。吻长，平扁，前端宽圆，吻长远超过眼后头长。口小，下位，呈马蹄形。眼大，侧上位。唇厚，极发达，下唇分3叶，中叶呈椭圆形，后缘游离。须1对，较粗。背鳍无硬刺，第2～第3根分枝鳍条最长。体背及侧面灰黑色，腹部灰白色。横跨体背具5块较大的黑斑，体侧中轴有6～7个大黑点。背鳍、尾鳍黑点排列成条纹。胸鳍、腹鳍具零散小黑点。臀鳍灰白色。

地理分布及生活习性： 分布于黄河以南各水系，在广东主要见于东江、北江、韩江及粤西流域。小型鱼类。生活于江河下层。

IUCN 评估等级： 无危（Least Concern，LC）。

标本采集地： 秋香江、西枝江。

图片提供人：赵会宏

82．蛇鮈 *Saurogobio dabryi* Bleeker，1871

地方名： 船钉子、白杨鱼、打船钉、沙锥

英文名： Chinese lizard gudgeon

形态特征： 体延长，略呈圆筒形，背部稍隆起，腹部略平坦，尾柄稍侧扁。头较长，大于体高。吻突出，在鼻孔前下凹。口下位，马蹄形。唇发达，具有显著的乳突，下唇后缘游离。上下唇沟相通，上唇沟较深。口角须1对，其长度小于眼径。眼较大。背鳍无硬刺。侧线完整且平直。体背部及体侧上半部青灰色，腹部灰白色。体侧中轴有一条浅黑色纵带，上有13～14个不明显的黑斑。背部中线隐约可见4～5个黑斑。胸鳍、腹鳍及鳃盖边

缘为黄色，背鳍、臀鳍及尾鳍为灰白色。

地理分布及生活习性：分布极广，中国从黑龙江向南直至珠江各水系均有分布；还分布于俄罗斯、朝鲜和越南北部。为栖息于江、河、湖泊中的中下层小型鱼类。喜生活于缓水沙底处。摄食水生昆虫或桡足类，在河流中产漂浮性卵。

易辨识特征：体侧中轴有一条浅黑色纵带，上有 13～14 个不明显的黑斑。

IUCN 评估等级：未予评估（Not Evaluated，NE）。

标本采集地：东江干流河源江段。

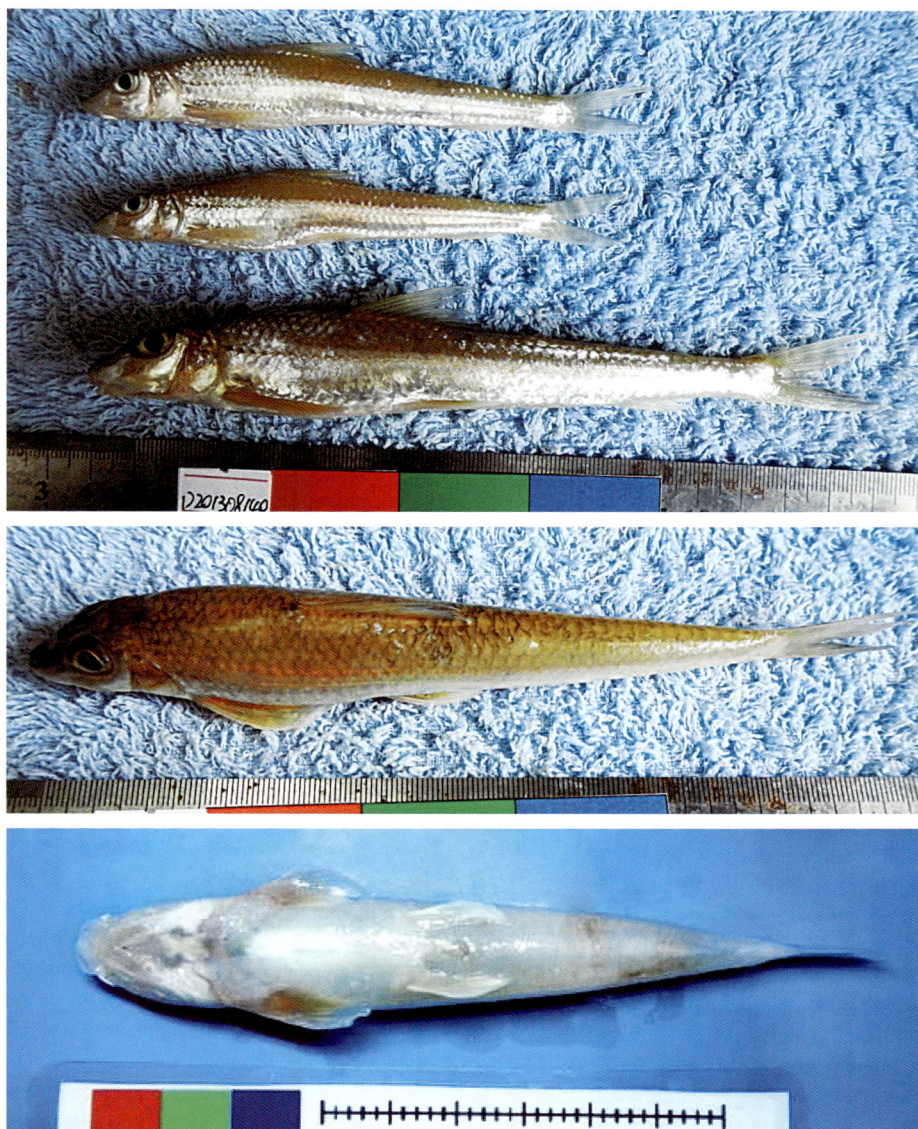

图片提供人：邓利、赵会宏

83. 吻鮈 *Rhinogobio typus* Bleeker，1870

地方名： 麻秆、秋子、长鼻白杨鱼

形态特征： 体细长，圆筒形，尾柄细长而略侧扁，腹部稍平。头长，呈锥形。吻尖长。口下位深弧形。唇厚，无乳突，唇后沟中断。口角须 1 对，粗而短。背鳍无硬刺。侧线直。胸部鳞片特别小，一般隐埋于皮下。背部青灰色，腹部白色，背鳍和尾鳍灰黑色，其他各鳍灰白色。

地理分布及生活习性： 分布于长江中上游、闽江水系及东江水系。常栖息于江河浅水、底质为泥沙或砾石的河流底部。摄食底栖无脊椎动物。生殖期在 4 月下旬或 5 月初。

IUCN 评估等级： 未予评估（Not Evaluated，NE）。

标本采集地： 东江干流河源江段。

图片提供人：崔科、赵会宏

84. 鲤 *Cyprinus carpio* Linnaeus，1758

地方名： 鲤拐子、鲤子

英文名： Common carp

形态特征： 体长，侧扁而腹部圆。口呈马蹄形，端位。须 2 对，后对为前对的 2 倍长。下咽齿呈臼齿形。背鳍基部较长，背鳍和臀鳍均有一根粗壮带锯齿的硬棘。胸鳍末端接近腹鳍起点。腹鳍末端不达肛门。侧线鳞 34～40。鳃耙外侧 18～24。体背部纯黑色，体侧金黄色，尾鳍下叶橙红色。

地理分布及生活习性： 原产亚洲，后引进欧洲、北美洲及其他地区。底层鱼类。适应性很

强，多栖息于底质松软、水草丛生的水体。冬季游动迟缓，在深水底层越冬。以食底栖动物为主的杂食性鱼类，食螺、蚌、蚬和水生昆虫的幼虫等底栖动物，也食相当数量的高等植物和丝状藻类。

易辨识特征： 须 2 对，后对为前对的 2 倍长。

IUCN 评估等级： 易危（Vulnerable，VU）（A2ce）。

标本采集地： 东江干流河源、东莞江段。

图片提供人：邓利、赵会宏

85. 须鲫 *Carassioides acuminatus* (Richardson, 1846)

地方名： 江鲫、黄鲫、高背鲫、松鲫

同物异名： *Cyprinus acuminatus* Richardson, 1846

形态特征： 体高，侧扁，背部显著隆起，近三角形。头短小。吻钝圆。口端位，弧形。须2对，均短细。背鳍、臀鳍硬刺粗壮，后缘带锯齿。胸鳍末端圆，几达腹鳍起点。背腹鳍起点相对。体背及头侧呈灰黑色，腹部银白色，尾鳍边缘黑色。

地理分布及生活习性： 分布于珠江水系及海南各河流。杂食性鱼类。生活在江河缓流或静水的中下层，多在泥底水草茂盛处活动。

IUCN 评估等级： 无危 (Least Concern, LC)。

标本采集地： 西枝江。

图片提供人：赵会宏

86. 鲫 *Carassius auratus* (Linnaeus, 1758)

地方名： 鲫鱼

英文名： Goldfish

形态特征： 体型呈流线型，体高而侧扁，前半部弧形，背部轮廓隆起，尾柄宽，腹部圆形，无肉棱。头短小。吻钝。无须。下咽齿1行。鳞片大。侧线微弯。背鳍长，外缘较平直。鳃耙细长，呈针状，排列紧密，鳃耙数100～200。背鳍、臀鳍第3根硬刺较强，后缘有锯齿。胸鳍末端可达腹鳍起点。尾鳍深叉形。体背银灰色而略带黄色光泽，腹部银白色而略带黄色，各鳍灰白色。根据生长水域不同，体色深浅有差异。

地理分布及生活习性： 全国各地水域均有分布。属底层鱼类。杂食性，以植物性食料为

主，也摄食一些小虾、蚯蚓、幼螺、昆虫等。

IUCN 评估等级：未予评估（Not Evaluated，NE）。

标本采集地：江西寻乌县、定南县，广东河源。

图片提供人：邓利、赵会宏

87. 南方长须鳅鮀 *Gobiobotia meridionalis* Chen & Cao，1977

地方名：白须公

同物异名：*Gobiobotia longibarba meridionalis* Chen & Cao，1977

形态特征：体延长，前部粗圆，后部侧扁。头大而扁，宽大于高。吻圆钝。眼大，眼间距较窄。须4对，较粗长，口角须末端达眼后缘下方，第3对颏须末端达到或超过胸鳍基

图片提供人：潘德博

部。侧线鳞40～43。体被圆鳞，无明显棱脊。腹鳍基部之前的胸腹部裸露。胸鳍达腹鳍基部。尾鳍叉形，下叶稍长。

地理分布及生活习性： 分布于长江、珠江等水系。小型鱼类。栖息于砂石底的江河中。

IUCN 评估等级： 数据缺乏（Data deficient，DD）。

标本采集地： 秋香江、西枝江。

88．鳙 *Aristichthys nobilis*（Richardson，1844）

地方名： 胖头鱼、大头鱼、花鲢

英文名： Bighead carp

形态特征： 体侧扁，腹鳍基部至肛门具腹棱。头极大，头长大于体高。口大，端位。鳃耙细密呈页状。眼小，位置偏低。无须。下咽齿平扁，齿面平滑。鳞小。背鳍无硬刺，起点

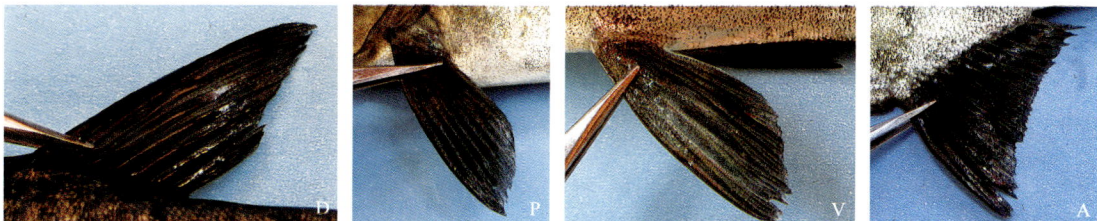

图片提供人：邓利、赵会宏

位于腹鳍起点之后。胸鳍长，末端远超过腹鳍基部。腹鳍末端可达或稍超过肛门，但不达臀鳍。肛门位于臀鳍前方。臀鳍起点距腹鳍基较距尾鳍基为近。尾鳍深叉形，上下叶等大，末端尖。背部及体侧上半部微黑，有许多不规则的黑色小斑点，腹部灰白色，各鳍呈灰黑色。

地理分布及生活习性： 我国各大水系均有分布；亚洲东部有分布。喜生活于静水的中上层，动作较迟缓，不喜跳跃。以浮游生物为食。

IUCN 评估等级： 数据缺乏（Data deficient，DD）。

标本采集地： 枫树坝水库。

89. 鲢 *Hypophthalmichthys molitrix*（Valenciennes，1844）

地方名： 鲢子、白鲢、边鱼

英文名： Silver carp

形态特征： 体侧扁。头较大，但远不及鳙。口阔，端位，下颌稍向上斜。鳃耙特化，彼此联合成海绵状的过滤器。口咽腔上部有螺形的鳃上器官。眼小，位置偏低。无须。下咽齿勺形，平扁，齿面有羽纹状。鳞小。侧线完全，前段弯向腹侧，后延至尾柄中轴。自喉部至肛门间有发达的皮质腹棱。胸鳍末端仅伸至腹鳍起点或稍后。体银白色，各鳍灰白色。

图片提供人：邓利

地理分布及生活习性： 在中国各大水系随处可见；广泛分布于亚洲东部。属中上层鱼。春夏秋三季的绝大多数时间在水域的中上层游动觅食，冬季则潜至深水越冬。滤食性鱼类，食浮游生物。

IUCN 评估等级： 近危（Near Threatened，NT）。

标本采集地： 枫树坝水库。

F7 鳅科 Cobitidae

90．美丽小条鳅 *Micronemacheilus pulcher*（Nichols & Pope，1927）

地方名： 竹叶鱼、花鳅、锦鳅、美丽条鳅

形态特征： 身体略呈纺锤形，侧扁。头稍平扁，头宽等于或稍小于头高。吻部较长，吻长等于或稍短于眼后头长。眼较大，侧上位。前鼻孔与后鼻孔紧相邻。口亚下位，口裂小。唇厚，唇面多乳头状突起；下颌匙状。须较长，外吻须伸达眼中心和眼后缘之间的下方；颌须伸达眼后缘之下或稍超过，少数可伸达主鳃盖骨之下。身体（包括胸、腹部）披有小鳞，覆瓦状排列，侧线完全。背鳍起点在腹鳍之前。胸鳍侧位。腹鳍基部有一腋鳞状的鳍瓣。尾柄短，尾鳍后缘浅凹入。背部和体侧多红褐色斑块，沿侧线有一行呈孔雀绿的横斑条，并有亮蓝色闪光，各鳍均为橘红色，尾鳍从其基部向两叶方向各有一条褐色纹，尾鳍基部有一深褐色圆斑。

图片提供人：邓利、赵会宏

地理分布及生活习性： 分布于元江、珠江（西江、北江和东江）、韩江、九龙江等水系及海南（模式产地）。多生活于缓流和静水的多水草河段。

IUCN 评估等级： 无危（Least Concern，LC）。

标本采集地： 东江干流河源江段。

91. 平头（岭）鳅 *Oreonectes platycephalus* Günther，1868

地方名： 扁头鳅、小鳅

英文名： Flat-headed loach

形态特征： 体长，稍平扁，后部侧扁。头宽扁。眼小。前后鼻孔明显分开，前鼻孔鼻管延长成须状。口下位，弧形。唇稍厚。须3对。背鳍位置较后，起点在腹鳍基之后上方。体被细鳞。前部侧线鳞明显。尾鳍圆形。体背灰黑色，腹部浅黄色。

地理分布及生活习性： 分布于珠江水系。底层鱼类。栖息于山溪，白昼藏匿石缝间，夜晚外出觅食水生昆虫。为多次产卵型鱼类。

图片提供人：周行

IUCN 评估等级：数据缺乏（Data deficient，DD）。

标本采集地：秋香江、西枝江。

92．无斑南鳅 *Schistura incerta*（Nichols，1931）

地方名：胡鳅、山胡鳅

同物异名：*Barbatula incerta* Nichols，1931

形态特征：体长而侧扁。眼小，上侧位。口弧形。吻须 2 对，口角须 1 对。体在背鳍前端裸露无鳞，在背鳍后有稀疏鳞片。背鳍起点约在背缘中部。腹鳍起点与背鳍起点相对。尾鳍浅凹。体青色或灰绿色，腹部灰白色，各鳍浅红色。

地理分布及生活习性：分布于海南、珠江水系、韩江水系和湘江。小型底栖鱼类。多栖息于小溪流的石块间，摄食底栖昆虫及石底苔藓。

IUCN 评估等级：数据缺乏（Data deficient，DD）。

标本采集地：秋香江、西枝江。

图片提供人：周行、赵会宏

93．横纹南鳅 *Schistura fasciolata*（Nichols & Pope，1927）

地方名： 沙钻、军鱼、滑油、媒子鱼

同物异名： *Homaloptera fasciolata* Nichols & Pope，1927

形态特征： 体长，前部圆柱形，尾柄侧扁。头较小。眼小，上位。口下位，弧形。须3对。鳞小。侧线完全，约在体侧中线，向后伸达尾鳍基部。腹鳍起点位于背鳍第一分枝鳍条下方。尾鳍微凹。体侧具13～16条明显的横斑。尾鳍浅红色，其他各鳍略呈黄绿色或浅红色。

地理分布及生活习性： 分布于海南、珠江、金沙江、澜沧江、把边江等水系。小型底栖鱼类。多栖息于急流河段的砾石缝隙中。

易辨识特征： 体侧具13～16条明显的横斑。

IUCN评估等级： 数据缺乏（Data deficient，DD）。

标本采集地： 新丰江。

图片提供人：赵俊

94．壮体沙鳅 *Botia robusta* Wu，1939

地方名： 六角鱼、军鱼

同物异名： *Sinibotia robusta*（Wu, 1939）

形态特征： 体短，粗壮，稍侧扁，背缘隆起度大，背鳍起点为体的最高点。头高，侧扁，头长大于体高，为眼径的 5～6 倍。吻稍尖，吻长大于眼后头长。眼大，侧上位。眼下刺分叉，末端达眼后缘。须 3 对，颏部具纽状突 1 对。鳞极细小，颊部无鳞。侧线完全，平直。颅顶具囟门。尾柄高大于长。尾鳍深叉。体黄绿色，体上具 6 条紫黑色垂直带纹，头背面和侧面各有 1 条紫黑色带纹。头侧具有不规则的斑点或无。体侧横纹变化大，但宽度间隔常相等。

地理分布及生活习性： 分布于珠江、九龙江等水系。小型鱼类。生活在砂石底的流水中。

IUCN 评估等级： 数据缺乏（Data deficient，DD）。

标本采集地： 江西定南水。

图片提供人：邓利、赵会宏、钟煜

95．美丽沙鳅 *Botia pulchra* Wu，1939

地方名：河胡鳅、河鳅

同物异名：*Sinibotia pulchra*（Wu, 1939）

形态特征：体长而侧扁。眼小，上侧位。眼下刺分叉，末端超过眼后缘。头尖长，甚侧扁。吻尖，吻长与眼后头长相等。须3对。颏部有1对肉质纽状突。体鳞极小，颊部无鳞。侧线完全，平直。颅顶无囟门。尾鳍叉形，上下叶等长。体背部紫黑色，腹部棕黄色。体侧横纹变化大，宽度间隔不等。自腮孔上角经过眼上缘至吻端各具1条棕黑色条纹。头侧面具蠕虫形棕黄色斑纹。背鳍、臀鳍的基部及鳍间也各具1条紫黑色条带纹。

地理分布及生活习性：分布于珠江、九龙江等水系。小型底层鱼类。栖息在底质为砂石的流水中。摄食水生昆虫、环节动物及藻类。

IUCN 评估等级：数据缺乏（Data deficient，DD）。

标本采集地：新丰江。

图片提供人：张源烘

96．花斑副沙鳅 *Parabotia fasciata* Dabry de Thiersant，1872

地方名： 沙鳅、花间刀、河鳅

形态特征： 体长稍侧扁。头长大于体高。眼侧上位。眼下刺分叉，末端达眼中央。口下位。须3对，口角须较长，末端后伸达眼前缘或眼中央。侧线完全，平直，颊部被细鳞。背鳍最长鳍条短于头长。腹鳍末端距肛门甚远。肛门位于腹鳍基至臀鳍起点之间的前3/5处。背部青灰色，腹部浅黄色，体背和体侧有11～15条灰黑色带纹。尾柄基部具一明显黑斑。吻端至眼后缘上方与至眼前缘各具1对棕黑色纵条纹。

地理分布及生活习性： 广泛分布于珠江水系，还分布于韩江、九龙江、闽江、钱塘江、长江、淮河、黄河、黑龙江等水系。常栖息于砂石底质的江河底层。食水生昆虫和藻类。

易辨识特征： 尾柄基部具一明显黑斑。吻端至眼后缘上方与至眼前缘各具1对棕黑色纵条纹。

IUCN 评估等级： 无危（Least Concern，LC）。

物种保护等级： 中国特有种。

图片提供人：赵俊

97．中华花鳅 *Cobitis sinensis* Sauvage & Dabry de Thiersant，1874

地方名： 斑鳅、花鳅、花胡鳅

英文名： Siberian spiny loach

形态特征： 体延长，侧扁，腹部圆，背、腹轮廓几平行。头短小，前端稍尖。吻端钝，其长度约与眼后头长相当。口小，下位。唇较厚，表面光滑无皱褶。颏叶发达，末端稍尖。须3对，吻须2对，较短，口角须1对，较长。眼侧上位几近头顶的中部，眼间距相距甚小。眼下刺分叉，末端可达眼球中部。鼻孔小，在眼前方，离眼前缘较近。背鳍较长，外缘凸出，起点位于眼前缘至尾鳍基部距离的中点。胸鳍较小，末端稍钝，后伸不及胸鳍、腹鳍基部距离的1/3。腹鳍小，其起点约与背鳍第二根分枝鳍条相对，后伸不达肛门。臀鳍较短，后缘平截。尾鳍较宽，后缘截形。尾柄较短，侧扁。肛门在臀鳍起点之前。体被细鳞，颊部裸露，体侧鳞片稍大，胸部鳞片较小。侧线不完全，仅在胸鳍上方存在。身体呈浅黄色，头部有许多不规则的黑色斑点。从吻端通过眼、头顶至另一侧吻端呈一"U"字形黑色条纹。体侧上方具有较大的不规则黑色斑纹，体侧有 9 个黑色大斑纹，背部具 12 个马鞍形黑色斑纹，背鳍前后各 6 个。背鳍和尾鳍具 2～3 列斜形点枝条纹。胸鳍、腹鳍和臀鳍颜色较浅，呈黄白色。尾鳍基部侧上方有一较大的深黑色斑纹。

地理分布及生活习性： 分布于中国长江以南各水系中；还分布于东南亚和南亚（如泰国、印度、斯里兰卡等）。小型底栖鱼类。生活于江河溪流的缓流处，底质为砂石或泥沙，要求水质清澈。食性杂，可食小型底栖生物，或滤食泥沙中的食物碎屑和藻类。

易辨识特征： 从吻端通过眼、头顶至另一侧吻端呈一"U"字形黑色条纹。

IUCN 评估等级： 无危（Least Concern，LC）。

标本采集地： 东江干流河源江段。

图片提供人：邓利、赵会宏、张源烘

98．沙花鳅 *Cobitis arenae*（Lin，1934）

地方名： 沙鳅

形态特征： 体细长，稍侧扁，尾柄很长。头小，扁薄。吻尖突出。眼小，眼间距小于眼径。眼下刺分叉。口极小，下位。须 3 对，细短。侧线不完全。鳞片不明显。背鳍和臀鳍无硬刺。背鳍起点与腹鳍起点相对或稍前。臀鳍远离背鳍后端。胸鳍后端不伸达腹鳍。尾柄长，尾柄皮褶棱不发达。肛门紧靠臀鳍。体棕黄色，尾鳍截形。自吻端至眼间有 1 根黑色的纵条纹。背部及体侧上方分布有不规则斑点，体侧中轴具 18～23 个黑褐色斑点。背鳍和尾鳍有由褐色小斑组成的条纹，其余各鳍浅色。

地理分布及生活习性： 分布于珠江水系。底层鱼类。栖息于底质为砂石的流水环境中。

IUCN 评估等级： 数据缺乏（Data deficient，DD）。

标本采集地： 新丰江上游。

图片提供人：赵俊

99．大鳞副泥鳅 *Paramisgurnus dabryanus* Dabry de Thiersant，1872

地方名： 土鳅、胡溜、红泥鳅

形态特征： 体近圆筒形，头较短。口下位，马蹄形。下唇中央有一小缺口。鼻孔靠近眼。

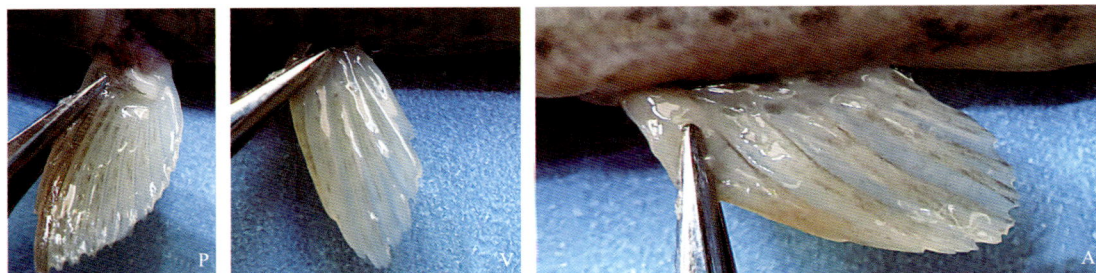

图片提供人：邓利

眼下无刺。鳃孔小。头部无鳞，体鳞较泥鳅为大。侧线完全。须 5 对。眼被皮膜覆盖。尾柄处皮褶棱发达，与尾鳍相连。尾柄长与高约相等。尾鳍圆形。肛门近臀鳍起点。体背部及体侧上半部灰褐色，腹面白色。体侧具有许多不规则的黑色褐色斑点。背鳍、尾鳍具黑色小点，其他各鳍灰白色。

地理分布及生活习性：分布广，黑龙江至台湾均有分布。小型淡水底栖鱼类。常见于底泥较深的湖边、池塘、稻田、水沟等浅水水域。除了鳃呼吸外，还可以进行皮肤呼吸和肠呼吸。食性杂，幼鱼阶段摄食动物性饵料，以浮游动物、摇蚊幼虫、丝蚯蚓等为食。

IUCN 评估等级：未予评估（Not Evaluated，NE）。

100. 泥鳅 *Misgurnus anguillicaudatus*（Cantor，1842）
地方名：湖鳅、泥纽

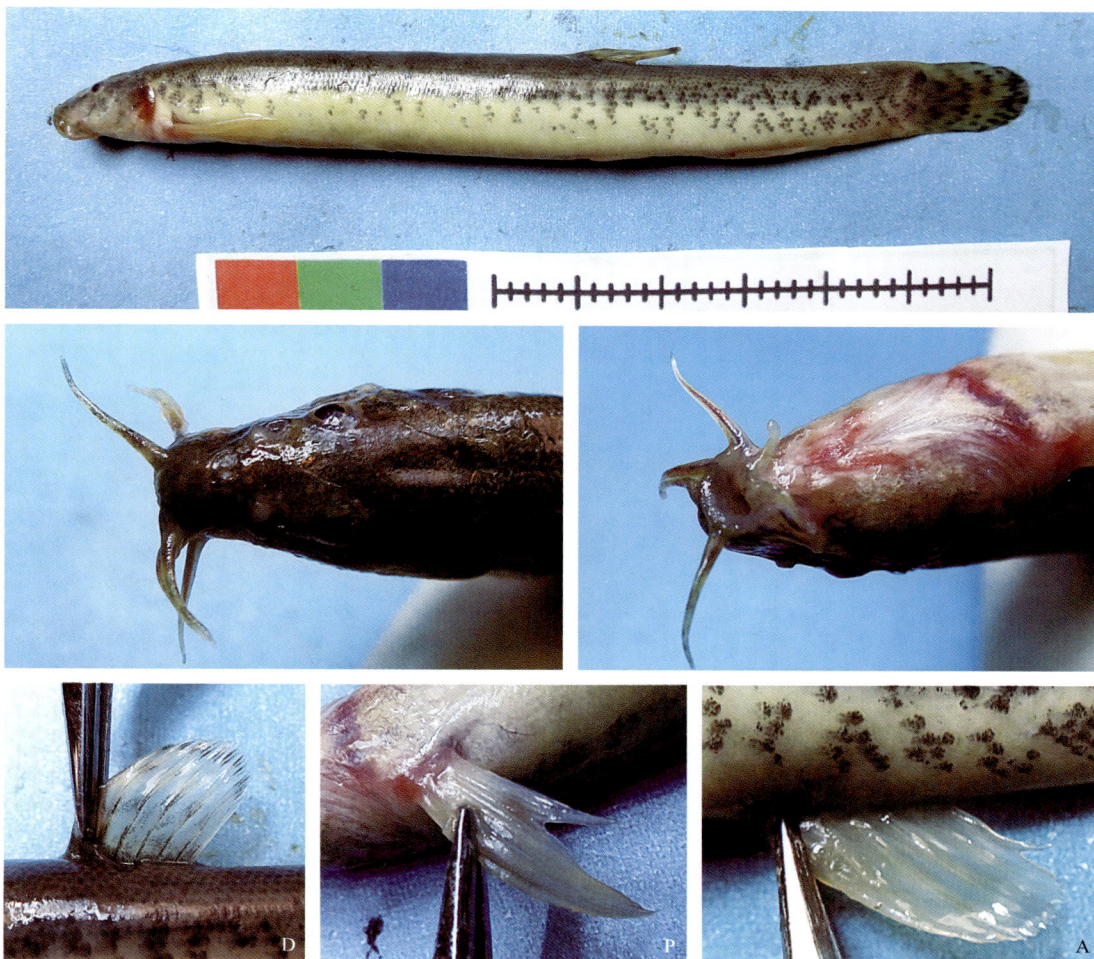

图片提供人：邓利、赵会宏

英文名： Pond loach

形态特征： 体为长圆柱形，尾部侧扁。体表黏液较多，头部尖，吻部向前突出，眼和口较小。口下位，呈马蹄形。口须5对，上颌须3对，较大，下颌须2对，一大一小。尾鳍圆形。鳞片细小，埋于皮下。体背及背侧灰黑色，并有黑色小斑点。体侧下半部白色或浅黄色，尾柄基部上方有一黑色大斑。

地理分布及生活习性： 广泛分布于中国、日本、朝鲜、俄罗斯及印度等地。栖息于静水的底层，常出没于湖泊、池塘、沟渠和水田底部富有植物碎屑的淤泥表层，对环境适应力强。多在晚上出来捕食浮游生物、水生昆虫、甲壳动物、水生高等植物碎屑及藻类等，有时亦摄取水底腐殖质或泥渣。

IUCN 评估等级： 无危（Least Concern，LC）。

标本采集地： 江西寻乌县、广东河源。

F8　平鳍鳅科 Homalopteridae

101．拟平鳅 *Liniparhomaloptera disparis disparis*（Lin，1934）

形态特征： 体圆筒形，宽高约等，胸部腹面平，后部侧扁。头平扁。口小，口前具吻须。

图片提供人：周行

吻褶分 3 叶，叶端尖。吻须 2 对，口角须 1 对。下唇肉质，边缘具小乳突。鳃裂大，从胸鳍基部之前延伸到头部腹面。体被细鳞。胸鳍平展，不达腹鳍。背腹鳍几相对。腹鳍分离。臀鳍后位。尾鳍凹形。头背部具黑色小圆斑。

地理分布及生活习性： 分布于珠江水系、广东鉴江及广西南流江。底栖小型鱼类。生活在卵石底质、水流湍急的山涧溪流。

易辨识特征： 头背面具黑色小圆斑，体背有不规则的黑斑，侧线下方有一纵列黑带。

IUCN 评估等级： 数据缺乏（Data deficient，DD）。

102．钝吻拟平鳅 *Liniparhomaloptera obtusirostris* Zheng & Chen，1980

形态特征： 体长，近圆筒形，尾部侧扁。吻部通常具角质疣刺，吻长大于眼后头长。口下位，圆弧形。唇肉质，下唇两侧具乳突 5～7 个。吻沟前具吻褶，吻褶分 3 叶。须 3 对。眼侧上位，中等大，腹面不可见。侧线完全，平直，延伸至尾柄基部。胸鳍起点在眼后下方。腹鳍不连成吸盘。尾鳍凹形，下叶稍长。

地理分布及生活习性： 分布于珠江水系、广东鉴江及广西南流江。喜栖息于卵石底质、水流湍急的山涧溪流。

IUCN 评估等级： 未予评估（Not Evaluated，NE）。

标本采集地： 秋香江、西枝江。

图片提供人：邓利、赵会宏

103．中华原吸鳅 *Protomyzon sinensis*（Chen，1980）

同物异名： *Protomyzon sinensis* Chen，1980

形态特征： 体长，圆筒形，尾柄稍侧扁。头低。吻端圆钝，边缘较薄，吻长大于眼后头长。口下位，弧形，中等大小，下颌稍外露。上唇与吻端之间具吻沟，延伸到口角。吻沟之间具吻褶，吻褶分 3 叶，叶间有 2 对小吻须。口角须 1 对，较小。眼侧上位，中等大小，腹面不可见。眼间距较宽。鼻孔具鼻瓣。背鳍基短，起点在腹鳍起点之前，距吻端较离尾鳍基为远。臀鳍基亦短。偶鳍平展，末端圆钝。胸鳍末端不达腹鳍起点。尾鳍微凹，下叶稍长。

地理分布及生活习性：分布于西江水系和贵州都柳江。喜在底多砾石、水流湍急的溪河中营底栖生活。

IUCN 评估等级：数据缺乏（Data deficient，DD）。

图片提供人：钟煜

104．平舟原缨口鳅 *Vanmanenia pingchowensis*（Fang，1935）

形态特征：体圆筒形，胸部腹面平，尾部侧扁。头平扁。口稍宽，弧形。口前具吻沟。吻褶分 3 叶，叶端呈须状；叶间有 2 对吻须。口角具须 2 对。下唇边缘有 4 个分叶乳突。鳃裂扩展到头腹面。体鳞甚细。腹鳍分离，起点与背鳍第 3-4 分枝鳍条相对。肛门近臀鳍起点。臀鳍位后。尾鳍内凹。背鳍后方具亮斑 1 对。

地理分布及生活习性： 分布于珠江、长江的清江及洞庭湖和鄱阳湖水系。小型鱼类，营底栖生活。常栖息于水质清澈、底多卵石、水流湍急的山涧溪流中。

易辨识特征： 体背中线有 7～9 个不明显的黑斑。背鳍后方体背有一对明显的白色斑点，体侧具不规则的黑斑块。腹鳍鳍瓣及尾鳍基部有一黑色斑点，各鳍均具由黑色斑点组成的条纹。

图片提供人：邓利、赵会宏

IUCN 评估等级: 无危（Least Concern，LC）。

标本采集地: 江西寻乌县。

105. 裸腹原缨口鳅 *Vanmanenia gymnetrus* Chen，1980

形态特征: 体型、体色近似平舟原缨口鳅，体高较低，腹部裸露区大，后缘近腹鳍起点，肛门位腹鳍腋部与臀鳍起点之中点。吻褶特化，口前吻部除 2 对吻须外，尚有由吻褶叶尖特化的 3 条次级吻须，吻褶边缘还分化出许多小乳突。体被细小鳞，部分鳞为皮膜所盖，头背部、胸鳍起点及腹鳍前的胸腹部裸露无鳞。侧线完全，平直，伸达尾鳍基部。

地理分布及生活习性: 分布于珠江水系各支流、乌江、沅江、湘江等。小型底栖鱼类。栖息于水质清澈、底多卵石、水流湍急的山涧溪流中。

IUCN 评估等级: 未予评估（Not Evaluated，NE）。

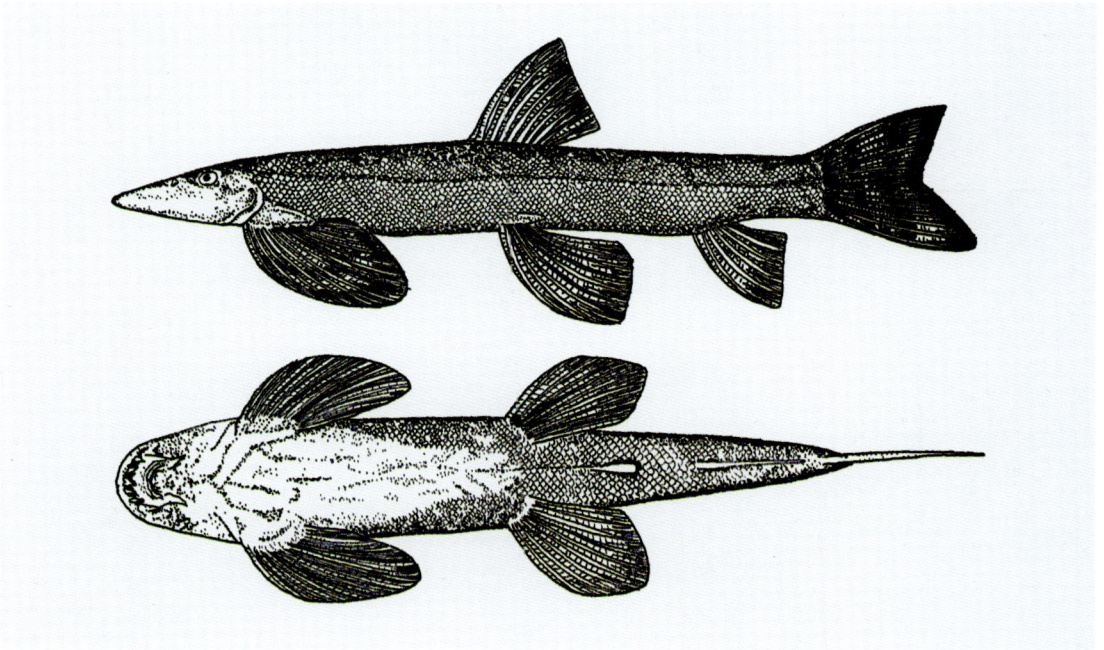

图片提供人：石月莹（依《广东淡水鱼类志》绘）

106. 东坡拟腹吸鳅 *Pseudogastromyzon changtingensis tungpeiensis*（Chen & Liang，1949）

别名: 东坡长汀品唇鳅

形态特征: 体长，近圆筒形。体高稍大于体宽，尾柄稍侧扁，尾柄长稍大于尾柄高。吻端圆钝，边缘较薄，吻长大于眼后头长，吻侧或连同吻背具刺状疣突。口下位，呈弧形，约为头宽的 1/3。唇肉质，上唇无明显乳突，下唇皮质吸附器呈"品"字形，最后缘的皮脊为念珠状，上下唇在口角处相连，下颌外露。上唇与吻端之间具吻沟，延伸到口角。吻褶分3叶，吻褶边缘亦具须状乳突。吻褶叶间具2对小吻须。口角须1对。眼上侧位，较小，腹面不可见。眼间较宽。鼻孔具鼻瓣。鳃孔小，仅限于头背侧，下缘不达胸鳍基部。鳞小，隐埋于皮膜之下。头背及胸鳍基部上方的体背侧无鳞。侧线完全，在侧线前端即胸鳍基部上方无鳞，有侧线孔，后部侧线正常，平直延伸到尾鳍基部。

地理分布及生活习性： 分布于韩江、榕江、东江、北江水系，模式产地在广东连县东坡。

易辨识特征： 体侧具12～17条垂直横带。偶鳍边缘有黑色弧纹，背鳍边缘亦具弧纹，尾鳍具4～5列条纹，臀鳍和腹鳍的肉质鳍瓣的斑纹隐约可见。

IUCN评估等级： 未予评估（Not Evaluated，NE）。

物种保护等级： 中国特有种。

图片提供人：钟煜

107．珠江拟腹吸鳅 *Pseudogastromyzon fangi*（Nichols，1931）

别名： 方氏品唇鳅

形态特征： 体长，圆筒形，尾柄稍侧扁。吻褶分3叶，具乳突。吻须2对，口角须1对。唇肉质，下唇特化为"品"字形皮质吸附器。鳃孔小，止于胸鳍基的上方。胸鳍起点在眼下方，末端超过腹鳍起点。腹鳍分离，分枝鳍条8，基部具发达的肉质鳍瓣。尾鳍斜截。体侧具多数黑色横斑。

地理分布及生活习性： 分布于珠江水系、长江的湘江上游。体型特化，匍匐于石块上生活。栖息于山溪急流的底层。

易辨识特征： 唇肉质，下唇特化为"品"字形皮质吸附器。

IUCN 评估等级： 无危（Least Concern，LC）。

标本采集地： 新丰江。

图片提供人：赵会宏

108．麦氏拟腹吸鳅 *Pseudogastromyzon myseri* Herre，1932

地方名： 吸盘鳅

英文名： Sucker-belly loach

形态特征： 体长而头扁，口下位，弧形。口角须1对。眼侧上位，较小，腹面不可见。眼间较宽。侧线完全，但在胸鳍基部上方无鳞片，仅有侧线孔，此后，侧线正常，平直延伸至尾鳍基部。胸鳍和腹鳍宽阔平张，形成吸盘状的吸附器官，可吸附在湍急溪流的石块和卵石表面。躯干褐黄色，背部有9～10个棕黑色斑点，侧面也有不规则的棕黑色斑点。

地理分布及生活习性： 香港上游溪流常见的原生淡水鱼，广东东江水系和九龙江等也有分布。栖息于水质清澈、底多卵石的山涧溪流中。

易辨识特征： 体背中部有9～10个黑色斑块，体侧密布不规则的小暗斑，背鳍后端有不明显的黑边（活鱼的背鳍后端为红色）。

IUCN 评估等级： 无危（Least Concern，LC）。

物种保护等级： 中国特有种。

图片提供人：周行

109. 细尾贵州爬岩鳅 *Beaufortia kweichowensis gracilicauda* Chen & Zheng, 1980

形态特征： 体前部平扁，尾柄侧扁，较细。头低平。吻端圆钝，吻背面及口前腹面布满刺状瘤突。眼中等大，上侧位。体被较小鳞，皮膜覆于其上；头部及偶鳍基部的体被和腹面无鳞，腹鳍前裸露无鳞。侧线完全，平直，直达尾部。背鳍稍前，起点在腹鳍第一根分枝鳍条之前。尾柄较细，尾柄高等于尾柄长。成体背侧有不明显黑色圆斑，背鳍和尾鳍有黑色斑点组成的条纹。

地理分布及生活习性： 分布于广东东江和北江水系。多次性产卵鱼类。

IUCN 评估等级： 未予评估（Not Evaluated，NE）。

物种保护等级： 中国特有种。

标本采集地： 新丰江。

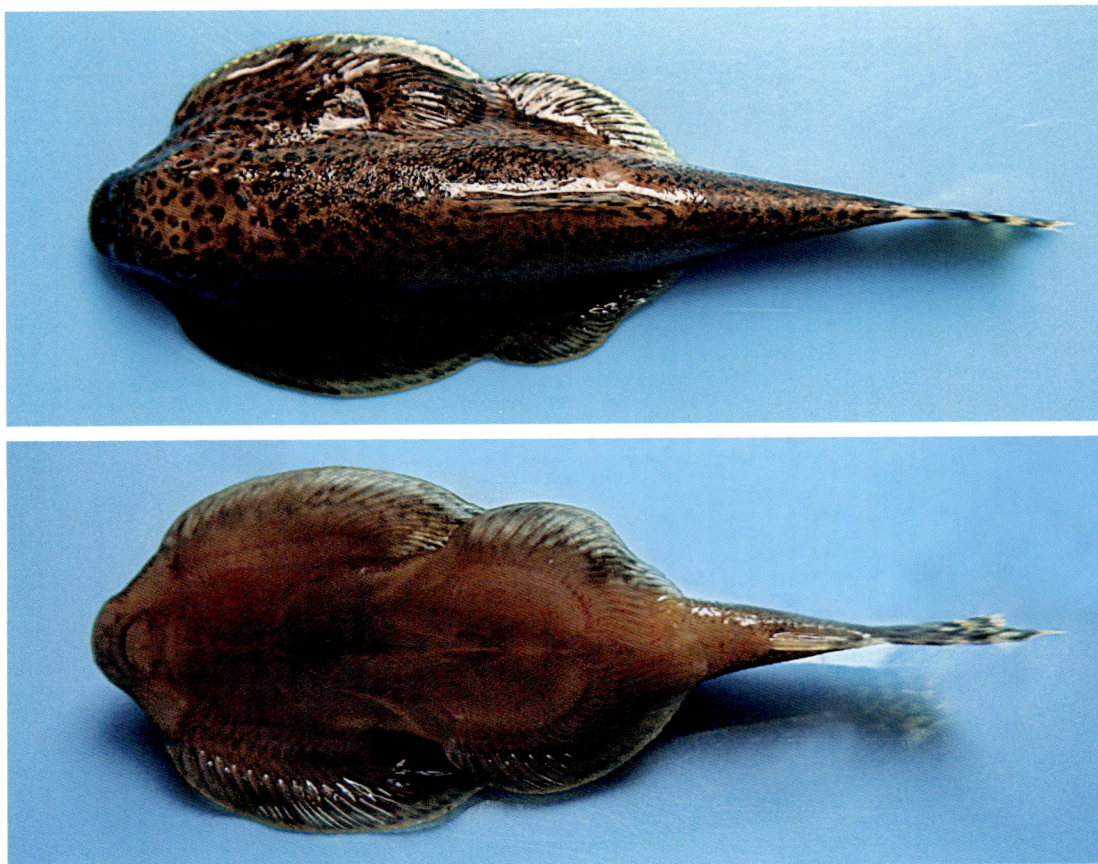

110．广西爬鳅 *Balitora kwangsiensis*（Fang，1930）

别名： 广西华平鳅

地方名： 爬石鱼（福建）、糍粑鱼（贵州）、岩爬子

同物异名： *Sinohomaloptera kwangsiensis*（Fang，1930）

形态特征： 体长，圆筒形，体高与体宽约等，尾柄细长，侧扁。头低平。吻扁薄。口小，弧形。口前具吻沟和吻褶。吻须、口角须各2对。唇具发达乳突，上唇2排，下唇1排。颏部有4个乳突，排成2行。鳃裂扩展到头腹面。鳞细，具棱脊，胸腹部裸露。腹鳍不相连，有2根不分枝鳍条。臀鳍小，无硬刺。尾鳍叉形。

地理分布及生活习性： 分布于珠江、红河、广西南部和海南等水系。小型鱼类。在江河急流石滩上营底栖生活。

IUCN评估等级： 无危（Least Concern，LC）。

111．**伍氏华吸鳅** *Sinogastromyzon wui* Fang，1930

地方名： 石壁鱼

形态特征： 体宽短，平扁，体高明显小于体宽。头宽圆。口呈弧形。口前具吻沟和吻褶。吻褶分3叶，中叶较宽。吻褶叶间有小吻须2对，口角须2对。唇具乳突，上唇1排，下唇乳突不显。鳃裂扩展到头腹面。鳞稍大，腹鳍前的腹面不裸露。腹鳍连成吸盘，有不分枝鳍条7～8。臀鳍硬刺粗壮。尾鳍凹形。

地理分布及生活习性： 分布于珠江水系。底栖小型鱼类。体型特化，能吸附在水流湍急的砾石上，并能匍匐跳跃前进。

IUCN 评估等级： 无危（Least Concern，LC）。

标本采集地： 新丰江上游。

O6 鲇形目 SILURIFORMES

F9 鲇科 Siluridae

112. 越南隐鳍鲇 *Silurus cochinchinensis* Valenciennes，1840

别名：越鲇

同物异名：*Pterocryptis cochinchinensis*（Valenciennes，1840）

地方名：敏鱼、山鲇

形态特征：体延长，前部较短。头小而宽。吻钝。口大。眼小。须2对，颌须较长。背鳍短小，无骨质硬刺。臀鳍长，与尾鳍相连。胸鳍有骨质硬刺。尾鳍平截或略内凹。体黑褐色，体侧色浅，腹部灰白色。

地理分布及生活习性：分布于海南、珠江水系等。亚热带小型底栖鱼类。常栖息于水质较清、水流缓慢的山涧溪流里。以水生昆虫、小虾及幼鱼为食。

IUCN 评估等级：无危（Least Concern，LC）。

标本采集地：新丰江水库、秋香江、西枝江。

所属分区单元：东江。

图片提供人：张源烘

113. 鲇 *Silurus asotus* Linnaeus，1758

地方名：鲇鱼、鲇拐、猫鱼

英文名：Amur catfish

形态特征： 体前部粗圆，后部侧扁。头中等大，宽平。吻短而宽圆。口上位，口裂大，弧形，下颌稍突出，上下颌各有一行绒毛状齿带。眼小，被皮膜。成体具 2 对须，上颌须较头稍长，下颌须长为上颌须的 1/5～1/3。全体光滑无鳞。侧线平直。背鳍 1 个。臀鳍基部延长，与尾鳍相连。胸鳍圆形，向后不伸达腹鳍，硬刺内外缘均有锯齿，内缘锯齿强。腹鳍和尾鳍小。成体背侧灰黑色，腹部白色，体侧有不规则白斑或不明显斑纹。

地理分布及生活习性： 在我国分布广泛。底栖肉食性鱼类。栖息于江、河、湖泊、水库中。昼伏夜出。摄食小鱼、虾及水生昆虫。在水生植物较多的水域产卵。

IUCN 评估等级： 无危（Least Concern，LC）。

标本采集地： 江西寻乌水、广东枫树坝水库。

图片提供人：邓利、赵会宏

114．大口鲇 *Silurus meridionalis* Chen，1977
地方名： 南方大口鲇、河鲇、大口鲇
英文名： Chinese large-mouth catfish

形态特征：体长形，侧扁，背部平直，腹部圆。头较长，扁平。吻短而扁圆，吻长显著小于眼后头长。口亚上位，口裂大，其末端至少可与眼球中部相对，下颌稍突出于上颌之前，上下颌均具有绒毛状细齿。成体具2对须，上颌须较长，末端后伸可超过胸鳍，下颌须较短。眼小，侧上位。鼻孔2对。背鳍小，无硬刺，其起点距吻端较距尾鳍基为近。胸鳍稍尖，具硬刺，其前缘光滑或具颗粒状突起或具弱锯齿，末端后伸可越过背鳍起点下方。腹鳍腹位，末端后伸超过臀鳍起点。臀鳍基部长，起点接近腹鳍基部后端，其后端与尾鳍相连。无脂鳍。尾鳍近截形，肛门紧靠臀鳍起点。全身裸露无鳞。侧线平直。幼鱼阶段背侧部一般为黄绿色，成体一般为黑褐色。颏部为灰白色，具黑褐色斑点。各鳍为灰色。

地理分布及生活习性：分布于长江及以南各水系。热带、亚热带鱼类，耐寒性差。营底栖生活，昼伏夜出。肉食性。产卵场为急流滩，底质为石砾或砂质。卵沉性，具强黏性，黏附在石块、砂砾上发育。

IUCN 评估等级：无危（Least Concern，LC）。

标本采集地：江西寻乌水。

图片提供人：邓利、赵会宏

F10　胡子鲇科 Clariidae

115．胡子鲇 *Clarias fuscus*（Lacépède，1803）

地方名：塘角鱼、塘虱

英文名：Hong Kong catfish

形态特征：体延长，背鳍起点向前渐平扁，后渐侧扁。头平扁而宽，呈楔形。吻宽而圆钝。口大，次下位，弧形。上颌略突出于下颌，下颌齿带中央有断裂。眼小，侧上位，位于头的前1/4处。眼间隔宽而平。前后鼻孔相隔较远，前鼻孔呈短管状，后鼻孔呈圆孔状，位于眼的前上方。须4对，颌须最长，末端一般超过胸鳍。鼻须位于后鼻孔前，末端后伸略过鳃孔。背鳍基长，无骨质硬刺，鳍条隐于皮膜内，起点约位于胸鳍后端的垂直上方。臀鳍基长，短于背鳍基，起点至尾鳍基的距离大于至胸鳍基后端。胸鳍小，侧下位，硬刺前缘粗糙，后缘具弱锯齿，鳍条末端后伸可达背鳍起点的垂直下方。腹鳍小，起点位于背鳍起点垂直下方之后，末端达或伸过臀鳍起点。肛门距臀鳍起点较距腹鳍基后端为近。尾鳍圆形，不与背鳍、臀鳍相连。活体一般呈褐黄色，有些个体的背部呈褐黑色，腹部色浅。体侧有一些不规则的白色小斑点。

地理分布及生活习性： 分布于长江中下游，西自云南东部至台湾均有分布。小型底栖鱼类。常栖息于水草丛生的江河、池塘、沟渠、沼泽和稻田的洞穴内或暗处。喜群栖。适应性强，离水后存活时间较长。以水生昆虫及其幼虫、小虾、寡毛类、小型软体动物和小鱼等为食。

IUCN 评估等级： 无危（Least Concern，LC）。

标本采集地： 江西寻乌水。

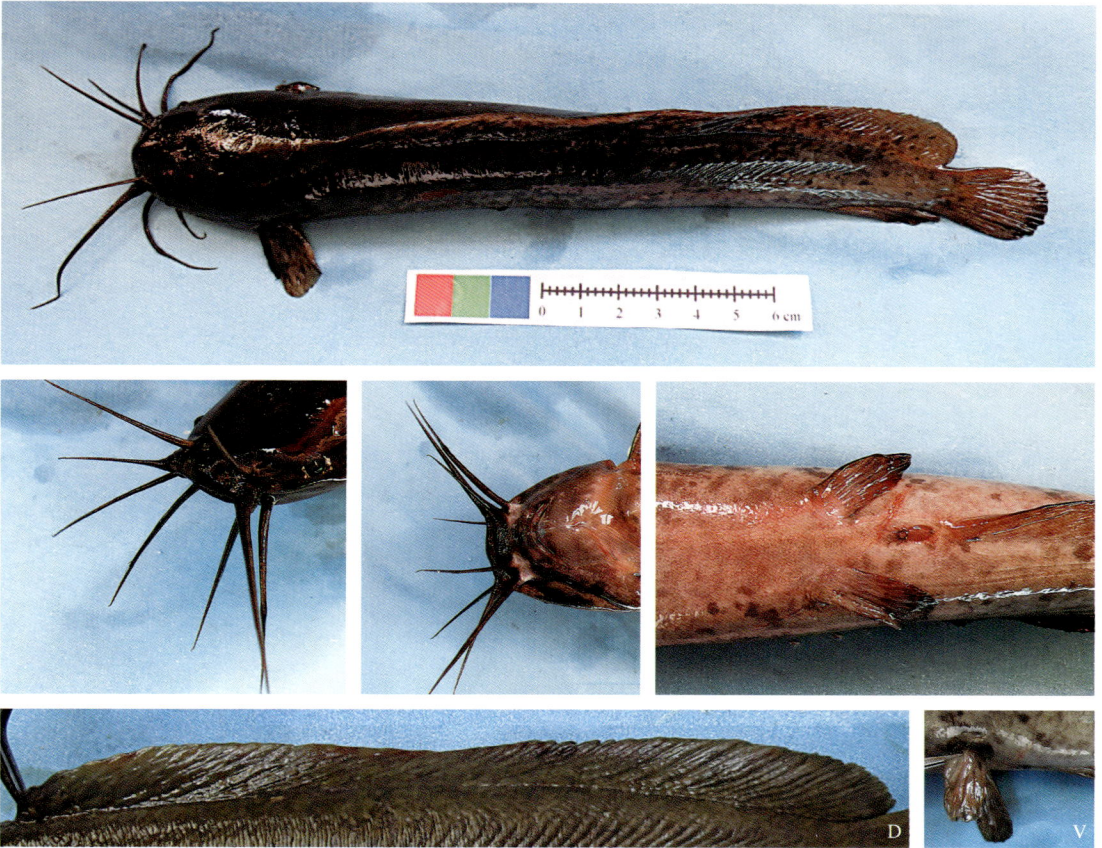

图片提供人：邓利、赵会宏

116. 革胡子鲇 *Clarias gariepinus*（Burchell，1822）

地方名： 埃及塘虱、埃及胡子鲇、八须鲇

形态特征： 体大，延长。头部扁平而宽，楔形。吻平扁。口裂宽，亚下位。须4对，上颌须略长于下颌，上下颌有绒毛状齿带；上颌口角须最长，其末端超过胸鳍，鼻须及颌须稍短，均不达胸鳍。眼小，侧上位。眼间隔宽而平。体裸露无鳞，黏液丰富。侧线完全，平直，沿体侧中部伸达尾鳍基部。背鳍很长，约占体长的2/3，无硬刺。臀鳍较背鳍短，无硬刺。胸鳍硬棘短钝，内缘有锯齿。腹鳍腹位，无硬刺。尾鳍圆形，不与背鳍、臀鳍相连。体灰褐色，体侧有黑色斑点和灰白色云状斑块，胸腹部白色。

地理分布及生活习性： 原产非洲尼罗河水域，我国于1981年从国外引进，已在全国推广养殖，现广泛分布于各水体。底层鱼类。栖息于江、河、湖泊、池塘、沟渠及沼泽中，常集群于岸边暗处及洞穴中。对环境适应性强，能在各种水体中生活，具有辅助呼吸器官，耐低氧。以动物性饵料为主的杂食性鱼类，也食植物性饵料。

IUCN 评估等级： 无危（Least Concern，LC）。

图片提供人：赵会宏

F11 鳗鲇科 Plotosidae

117. 鳗鲇 *Plotosus lineatus*（Thunberg，1787）

英文名： Striped eel catfish

同物异名： *Plotosus anguillaris*（Bloch，1794）

形态特征： 体延长，前部平扁，腹部圆，后部侧扁，尾尖如鳗尾。头中大。吻平扁而圆突。口部附近具有4对须。鼻孔每侧2个，前后鼻孔相互接近，靠近吻端。体光滑无鳞，多黏液。背鳍2个，第一背鳍短，有硬棘；第二背鳍及臀鳍与尾鳍连续相接，皆为软条。胸鳍上缘具数枚锐利的硬棘。体背侧棕灰色，体侧中央有两条黄色纵带，奇鳍之外缘黑色。侧线中侧位，伸达尾鳍基。

地理分布及生活习性：中国产于南海和东海；印度-太平洋区，西起非洲东部、红海，东至萨摩亚，北至韩国、日本，南至澳大利亚均有发现。暖水性中下层小型鱼类。栖息于河口及开放性沿海。夜行性，以小型鱼虾、沙蚕等为食。

IUCN 评估等级：未予评估（Not Evaluated，NE）。

标本采集地：珠江口。

图片提供人：陈刚

F12 鲿科 Bagridae

118. 黄颡鱼 *Pelteobagrus fulvidraco*（Richardson，1846）

地方名：黄刺公、疙阿、疙阿丁、黄腊丁、嘎牙子、昂刺鱼、黄鳍鱼、黄刺骨、黄牙鲠、刺疙疤鱼、刺黄股、黄亚角、黄角、塘角

英文名：Yellow catfish

形态特征：体型短而粗壮，背部隆起，腹面平。头大且扁平。吻圆钝。口裂大，下位，上颌稍长于下颌，上下颌均具绒毛状细齿。眼小，侧位，眼间隔稍隆起。须4对，鼻须达眼后缘，上颌须最长，伸达胸鳍基部之后；颌须2对，外侧一对较长。背鳍条6～7，臀鳍条19～23。背鳍不分枝鳍条为硬刺，后缘有锯齿，背鳍起点至吻端短于其至尾鳍基部的距离。胸鳍硬刺较发达，且前后缘均有锯齿。胸鳍较短，略呈扇形，末端近腹鳍。脂鳍较臀鳍短，末端游离，起点约与臀鳍起点相对。体背部黑褐色，体侧黄色，并有3块断续的黑色条纹，腹部淡黄色，各鳍灰黑色。

地理分布及生活习性：分布于长江、黄河、珠江及黑龙江等流域。在静水或缓流的浅滩生活，昼伏夜出。杂食性，摄食底栖无脊椎动物、小鱼、水生昆虫等。亲鱼有掘坑筑巢和保护后代的习性。

IUCN 评估等级：无危（Least Concern，LC）。

标本采集地：江西寻乌水、广东枫树坝水库。

图片提供人：邓利、赵会宏

119．瓦氏黄颡鱼 *Pelteobagrus vachelli*（Richardson，1846）

地方名： 江黄颡、硬角黄腊丁、郎丝江额、嘎呀子等

形态特征： 体延长，背部隆起，胸腹面平坦，后半部侧扁，尾柄较细长。头部稍扁平，头

图片提供人：邓利、赵会宏

背宽阔而较平，头顶部覆盖薄皮，枕骨裸露。口亚下位，上下颌有绒毛状细齿，上颌细齿带 2 条。吻钝圆。眼小，侧上位。须 4 对，均呈青黑色，上颌须 1 对，末端接近背鳍起点垂直下方。鼻须位于后鼻孔前缘，末端达到眼眶后缘，下颌须 2 对，外侧 1 对的末端达到胸鳍起点，内侧 1 对稍长于鼻须。肩胛骨突出，位于胸鳍上方。背鳍起点至吻端较距脂鳍起点为远，背鳍刺长于胸鳍刺，其后缘有锯齿。胸鳍硬刺强壮，前缘光滑，后缘锯齿发达。胸鳍远不过腹鳍。腹鳍末端盖过肛门到达臀鳍。脂鳍末端游离，较臀鳍稍短，并与其相对。尾鳍深叉形，上叶稍长于下叶。肛门接近臀鳍起点。全身裸露无鳞。侧线平直。

地理分布及生活习性： 中国特有种。广泛分布于长江、珠江、钱塘江、淮河、黄河及其支流，与河流相通的大型湖泊中也有分布。多在湖泊静水或江河缓流中营底栖生活，尤喜生活在有腐败物和淤泥的浅滩处。

IUCN 评估等级： 数据缺乏（Data deficient，DD）。

标本采集地： 枫树坝水库。

120. 粗唇鮠 *Leiocassis crassilabris* Günther，1864

地方名： 黄卡、黄姑鲢、鸟嘴肥、黄腊丁、黄牯

同物异名： *Pseudobagrus crassilabris*（Günther，1864）

形态特征： 体长形，略粗壮，个体不大，后部侧扁。吻圆钝。眼被皮膜覆盖。须 4 对，上颌须超过眼后缘，接近鳃膜。体无鳞，皮肤裸露，侧线完全，伸达尾柄末端。背侧灰褐色，腹部灰白色。背鳍刺较长，后缘有细小的锯齿。胸鳍刺前缘光滑，后缘锯齿发达。腹鳍可达臀鳍。脂鳍基部长等于或稍长于臀鳍基部。尾鳍深分叉。

地理分布及生活习性： 分布于长江、珠江、闽江等水系。小型鱼类。多在江、河、湖泊的底层生活。

IUCN 评估等级： 未予评估（Not Evaluated，NE）。

图片提供人：潘德博

121. 条纹鮠 *Leiocassis virgatus*（Oshima，1926）

形态特征： 个体小，体侧扁。头小。吻短钝。口下位，新月形。眼较大，侧上位。眼间隔宽，稍隆起。须4对，短且纤细，以上颌须为最长，向后达胸鳍起点。背鳍、胸鳍刺后缘具细锯齿。脂鳍稍短于臀鳍，并与之相对。尾柄较高。尾鳍叉形。体侧有暗色纵带，尾鳍两叶各具一条纹。体无鳞，皮肤裸露。侧线完全，伸达尾柄末端。

地理分布及生活习性： 分布于珠江、红河水系和海南，数量少。底层鱼类。食小型水生无脊椎动物。

IUCN评估等级： 数据缺乏（Data deficient，DD）。

图片提供人：周行

122. 纵带鮠 *Leiocassis argentivittatus*（Regan，1905）

形态特征： 体延长，略粗壮，后部侧扁。头略短且稍纵扁，头背被皮膜。眼大，侧上位。眼间隔宽，略隆起。前后鼻孔相距较远，前鼻孔呈短管状，近吻端，后鼻孔略圆。鼻须末端超过眼后缘，颌须长于头长且超过胸鳍起点，外侧颌须长于内侧颌须。背鳍硬刺光滑或后缘具弱锯齿，起点距吻端大于距脂鳍起点。臀鳍较短，起点位于脂鳍起点下方略前。胸鳍下位，硬刺前缘光滑，后缘具强锯齿，较背鳍刺为长，后伸不及腹鳍。腹鳍起点位于背鳍基后端之垂直下方略后。肛门距臀鳍起点较距腹鳍基后端略近。尾鳍深分叉。体呈黄褐色，腹部色浅，体侧有一条暗色纵带，前端至吻，后端分叉伸入尾鳍上下叶。各鳍或有暗色斑块。

地理分布及生活习性： 分布于珠江水系。

IUCN评估等级： 无危（Least Concern，LC）。

标本采集地： 新丰江。

123. 三线拟鲿 *Pseudobagrus trilineatus*（Zheng，1979）

形态特征：体延长，前部略粗，后部侧扁，尾柄长略大于尾柄高。头略大而纵扁，上枕骨棘被皮。吻宽圆，平扁。眼小。前后鼻孔相隔较远。须较长，颏须均短于颌须。上颌突出于下颌，上下颌具绒毛细齿。腭骨齿左右各成一条齿带。鳃膜不与鳃峡相连。背鳍骨质硬刺光滑。脂鳍长于臀鳍。胸鳍硬刺前缘光滑，后缘具细锯齿。臀鳍条少于20。尾鳍略圆。体裸露无鳞。侧线完全。体黄褐色，体有暗色纵带纹，在其上下方各有一条实线纹。

地理分布及生活习性：只分布于广东东江流域和香港西贡山区溪流中。小型夜行性鱼类。

易辨识特征：体黄褐色，体有暗色纵带纹，在其上下方各有一条实线纹。

IUCN评估等级：未予评估（Not Evaluated，NE）。

物种保护等级：稀有种，应注意保护野生栖息地。

标本采集地：广东博罗县。

124. 大鳍鳠 *Hemibagrus macropterus* Bleeker，1870

地方名： 江鼠、石板头、石扁头、岩扁头、石胡子、牛尾巴、罐巴子

形态特征： 体长形，头扁平，背鳍后身体逐渐侧扁。吻扁圆。口亚下位，口裂宽阔，上颌略长于下颌，上下颌及腭骨均具绒毛状细齿。唇厚，上下唇联合于口角处，唇后沟不连续。须4对，均较长，上颌须末端超过胸鳍。外侧颏须可达胸鳍基。眼中等大，位于头背侧，眼间隔宽而平坦。鼻孔分离，后鼻孔距眼前缘较距前鼻孔为远。鳃孔大，左右鳃膜联合但不与颊部相连。背鳍刺较弱，后缘光滑无锯齿。胸鳍刺发达，长于背鳍刺，前缘具小锯齿，后缘具粗锯齿。腹鳍扇形，末端远不及臀鳍起点。脂鳍甚长，约为臀鳍基长的3倍，其起点接近背鳍，末端不游离，与尾鳍基相连处为缺刻。尾鳍凹形，上叶稍长于下叶。肛门近腹鳍基部，而远离臀鳍起点。体裸露无鳞。侧线平直。体侧灰黑色，侧线以上

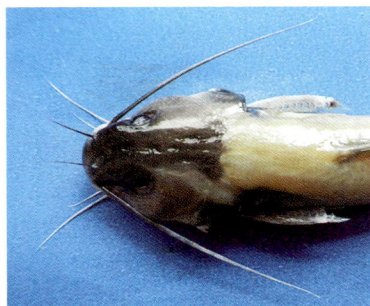

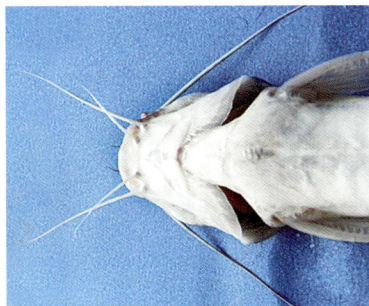

图片提供人：邓利、赵会宏

体色较深，腹面白色。部分个体体侧具深褐色斑点。

地理分布及生活习性：分布于长江至珠江各水系，以江河中上游出产较多。底栖性鱼类。多栖息于水流较急、底质多石砾的河流中，喜集群。夜间觅食，以底栖动物为主食，如螺、蚌、水生昆虫及其幼虫、小虾、小鱼等，偶尔也食高等植物碎屑及藻类。

IUCN 评估等级：无危（Least Concern，LC）。

物种保护等级：中国特有种，应注意保护野生栖息地。

标本采集地：江西定南水。

125．斑鳠 *Hemibagrus guttatus*（Lacépède，1803）

地方名：钳鱼、芝麻鲀

图片提供人：邓利、赵会宏

形态特征： 体型长，侧扁。头平扁。吻宽而圆钝，略似犁头状。口宽大，下位，弧形。上下颌齿带弧形，腭骨齿带略呈半环形，齿绒毛状。唇厚，下唇中间不连续。两鼻孔略近，前鼻孔管状，后鼻孔前缘有鼻须。须4对，上颌须最长，末端达腹鳍基；鼻须较短；颐须2对，外侧1对较长，可达鳃孔。眼中等大，眼睑游离。背鳍短，硬刺细短，后缘具细弱锯齿。胸鳍硬刺粗壮，前缘锯齿细弱，埋于皮下，后缘锯齿粗大。腹鳍与臀鳍均短，无硬刺。脂鳍高，特别长，起点接近背鳍，末端靠近尾鳍，但不与尾鳍相连，后缘游离，圆形。尾鳍分叉，上叶略长。体呈棕色，腹部黄色；体侧具大小不等、排列不规则的圆形蓝色斑点（幼鱼无斑）；背鳍、脂鳍及尾鳍灰黑色，有褐色小斑点；胸鳍、腹鳍及臀鳍色淡，很少有斑点。

地理分布及生活习性： 分布于中国钱塘江、九龙江、韩江、珠江和元江等水系；南亚地区的湄公河流域及马来西亚和印度尼西亚的内陆河流也有分布。栖息于江河的底层，以小型水生动物为食，如水生昆虫、小鱼和小虾等，也食少量的高等水生植物碎屑。

大鳍鳠与斑鳠的区分： 大鳍鳠脂鳍低且很长，起点紧靠背鳍基后，后缘略斜或截形而不游离；斑鳠脂鳍很长，后缘略圆而游离，起点紧靠背鳍基后端。

IUCN评估等级： 数据缺乏（Data deficient，DD）。

物种保护等级： 曾为产区的重要经济鱼类，肉质细嫩，味鲜美，现种群数量严重减少，应注意保护。

标本采集地： 东江干流河源江段。

F13 鮡科 Sisoridae

126．白线纹胸鮡 *Glyptothorax pallozonum*（Lin，1934）

地方名： 白线夷

形态特征： 头和前躯纵扁，向后逐渐侧扁。侧线平直，体表光滑，头部腹面平扁。眼小，眼圈模糊，距吻端较距鳃孔上角为远。口下位，横裂，周围具乳突。须4对，鼻须达眼前缘或更后；颌须超过胸鳍起点，其基部宽，有膜与头侧相连。胸部宽而平坦，形成一个吸盘。体无鳞片，侧线平直。背侧棕灰色，腹侧略黄，背中线及侧线白纹状。体表有3根白线，一根在背部正中，另两根在体侧，与侧线重叠。

易辨识特征： 体表有3根白线，一根在背部正中，另两根在体侧，与侧线重叠。

地理分布及生活习性： 分布于珠江水系和海南。山溪生活的小型底栖鱼类。

IUCN评估等级： 数据缺乏（Data deficient，DD）。

物种保护等级： 中国特有种。

图片提供人：周行、钟煜

127. 福建纹胸鮡 *Glyptothorax fokiensis*（Rendahl，1925）

地方名： 石黄姑、骨钉、黄牛角、羊角鱼

形态特征： 体略平扁，后部侧扁，尾柄高。头宽扁。体长为头长的4倍以下。眼小。须4对，上颌须基部有皮褶与吻部相连，后部尖细，超过鳃孔。鳃膜连颊部，间距甚小。胸部褶皱形成吸附器，后缘不超过胸鳍基部。胸鳍短。背鳍、胸鳍具刺，前者后缘粗糙，后者锯齿明显。脂鳍短，与臀鳍相对。胸腹部微黄色，体侧有3块黑斑，分别在背鳍下方、脂鳍下方及靠近尾鳍处。

地理分布及生活习性： 广泛分布于长江以南各水系。山间溪流生活的小型底栖鱼类。常栖息在急流石滩处。

易辨识特征： 体侧有3块黑斑，分别在背鳍下方、脂鳍下方及靠近尾鳍处。

IUCN 评估等级： 无危（Least Concern，LC）。

图片提供人：周行

F14　鮰科 Ictaluridae

128．斑点叉尾鮰 *Ictalurus punctatus*（Rafinesque，1818）

地方名： 沟鲶、美洲鲶

英文名： Channel catfish

形态特征： 体型较长，体前部宽于后部。头较小。吻稍尖。口亚端位。头部上下颌具有深灰色触须 4 对，其中鼻须 1 对，颌须 1 对，颐须 2 对，颌须最长，末端超过胸鳍基部，鼻须最短。鳃孔较大，鳃膜不连于颊部，颐部有较明显而不规则的斑点。体表光滑无鳞，黏液丰富。侧线完全，皮肤上有明显的侧线孔。具有脂鳍 1 个，尾鳍分叉较深，各鳍均为深灰色。体两侧背部淡灰色，腹部乳白色，幼鱼体两侧有明显而不规则的斑点，成鱼斑点逐步不明显或消失。

地理分布及生活习性： 天然分布区域在美国中部流域、加拿大南部和大西洋沿岸部分地区，后来广泛地进入大西洋沿岸，全美国和墨西哥北部都有分布。对生态环境适应性较强。我国自 20 世纪 80 年代引入养殖。

IUCN 评估等级： 无危（Least Concern，LC）。

物种保护等级： 外来种，应监测其种群动态。

标本采集地： 东江干流河源江段。

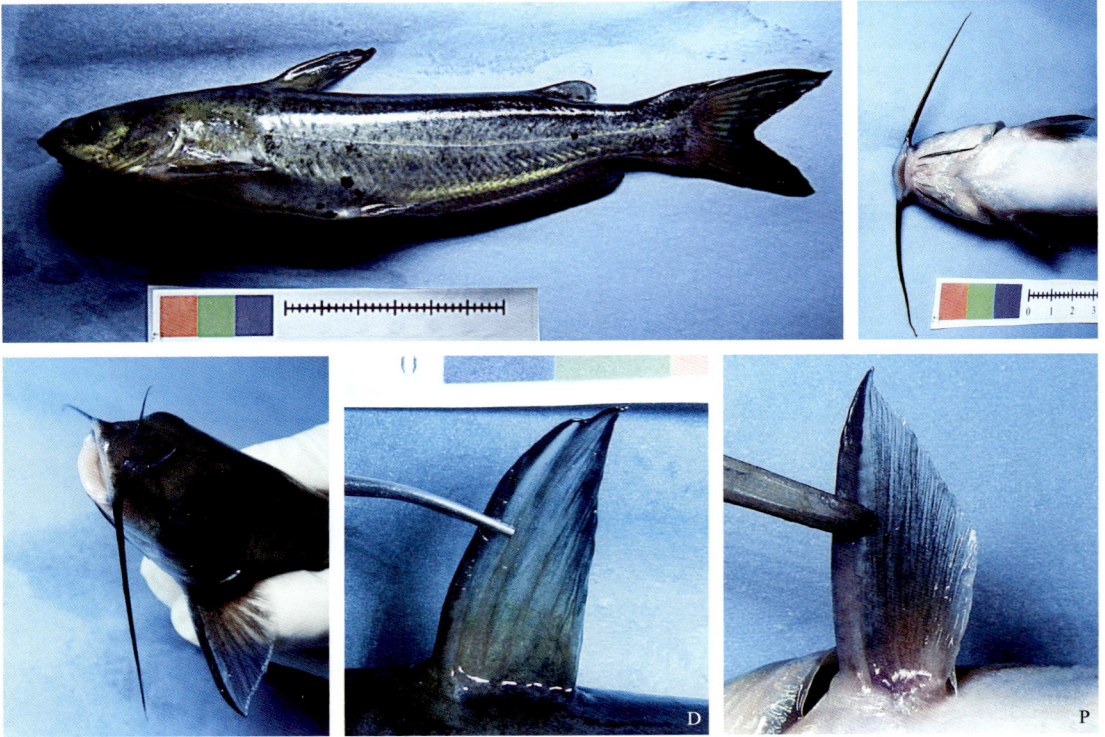

图片提供人：邓利、赵会宏

F15　棘甲鲶科 Loricariidae

129. 下口鲶 *Hypostomus plecostomus*（Linnaeus，1758）

地方名：清道夫、吸盘鱼、琵琶鱼、琵琶鼠鱼、垃圾鱼、青苔鱼、吸口鲶

英文名：Suckermouth catfish

形态特征：体大，头部扁平，高耸，尾部侧扁，口唇发达如吸盘。鱼体呈半圆筒形，侧宽，往后缩小。尾鳍呈浅叉形。口下位，吸盘状。背鳍宽大，腹部扁平，左右腹鳍相连形成圆扇形吸盘。全身被盾鳞，体表粗糙。体灰黑色或淡褐色，体表有黑白色花纹。

地理分布及生活习性：原产中美洲、南美洲亚马孙河流域。杂食性，常吞食鱼苗及鱼卵。繁殖能力很强。

IUCN 评估等级：未予评估（Not Evaluated，NE）。

物种保护等级：外来种，应监测、控制其种群数量。

图片提供人：郭冬生、刘全儒

O7 鳉形目 CYPRINODONTIFORMES

F16 青鳉科 Oryziatidae

130. 青鳉 *Oryzias latipes*（Temminck & Schlegel，1846）

地方名：万年鲹、稻花鱼

英文名：Japanese rice fish

形态特征：体侧扁，背部平直，腹缘圆凸。头略平扁，被鳞。眼大。口小，上位，口裂横直，齿细小。无侧线。背鳍、腹鳍均小。背鳍位于体后部，几与臀鳍后部相对。胸鳍上侧位，末端可伸达腹鳍基部。尾鳍近截形。背部淡灰色，向腹侧渐成银白色，沿背缘正中有一黑色纵线纹。

地理分布及生活习性：广泛分布于中国华南、华东和东北各省；日本也有分布。小型鱼类。生活于池塘、稻田及湖泊的上层。性活泼，喜集群。4～7月生殖，分批产卵。卵膜具丝状物。

易辨识特征：背部淡灰色，向腹侧渐成银白色，沿背缘正中有一黑色纵线纹。奇鳍均有细

图片提供人：赵俊、钟煜

小黑点。

IUCN 评估等级： 未予评估（Not Evaluated，NE）。

F17 胎鳉科 Poeciliidae

131．食蚊鱼 *Gambusia affinis*（Baird & Girard，1853）

英文名： Mosquitofish

形态特征： 体长形，略侧扁，头宽而短，前部平扁。吻短。眼大，眼间平坦。口小，上位。齿细小。头及体均被圆鳞。背鳍位于背部中央稍后方。臀鳍位于背鳍前下方，雄鱼臀鳍第 3～第 5 鳍条延长，变形为输精器。胸鳍刀尖形。尾鳍圆形。无侧线。体青灰色，腹部银白色。奇鳍有细小黑点。

地理分布及生活习性： 原产于美国南方、中美洲和西印度群岛，因对消灭疟蚊及其他蚊子的幼虫有一定作用，而被许多国家引进，以控制蚊子的滋长，特别是容易传染疟疾的地区。小型淡水鱼类。栖息于缓静水或流水表层。繁殖季节为 5～9 月，卵胎生。仔鱼以轮虫类为食。成鱼摄食蚊子幼体。

易辨识特征： 小型鱼类，形似柳条，体长形，腹部明显鼓胀。食蚊鱼其在背鳍的位置略带弓形，头部上翘，相对身体而言，眼睛大。头和躯干覆盖有大的鳞片，无侧线。

IUCN 评估等级： 无危（Least Concern，LC）。

物种保护等级： 外来种。

标本采集地： 东江干流河源江段。

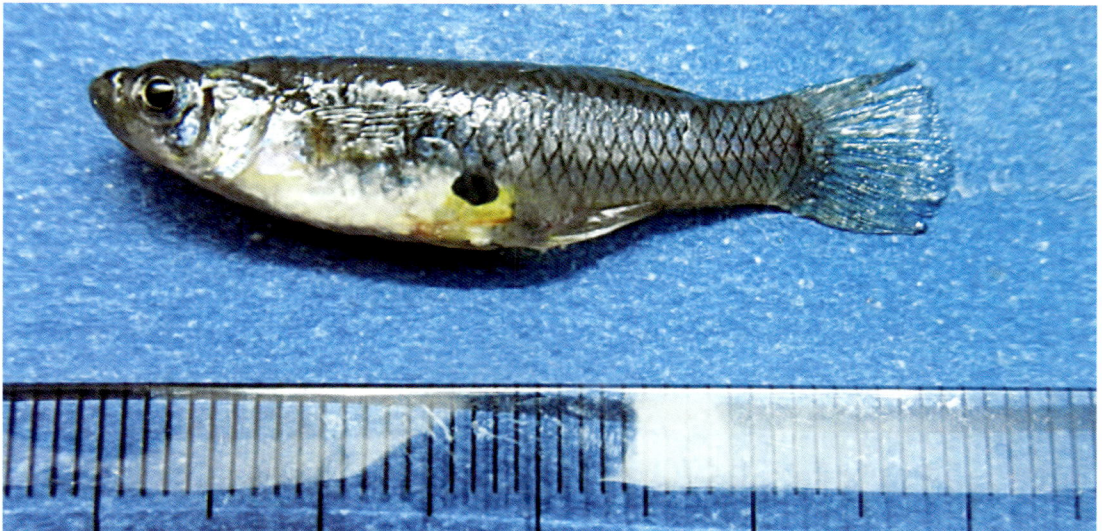

图片提供人：邓利、赵会宏

O8　银汉鱼目 ATHERINIFORMES

F18　银汉鱼科 Atherinidae

132. 白氏银汉鱼 *Hypoatherina valenciennei*（Bleeker，1854）

地方名： 银汉鱼、重鳞鱼

英文名： Sumatran silverside

同物异名： *Allanetta valenciennei*（Bleeker，1854）

形态特征： 体稍侧扁，背部宽厚，圆凸，腹部稍狭。头中等大，背面宽平，腹面圆窄。吻缘宽。眼上侧位，在头的前半部，距吻端小于距鳃盖后缘；眼间隔宽平，约与眼径相等。鼻孔每侧两个，较小，在眼前方。上下颌及犁骨各有一绒毛状齿带。舌大，前端圆形，游离。前鳃盖骨边缘波曲，有突起；鳃盖骨后缘光滑。鳃盖膜分离，不与颊部相连。体被较大的圆鳞，头部仅鳃盖被鳞，其余裸露。背鳍两个，分离，起点在腹鳍与臀鳍之间的中部上方，距尾鳍基部小于距吻端。臀鳍与第二背鳍相似，大于第二背鳍，起点在第二背鳍起点前下方。胸鳍尖长，上侧位。腹鳍在胸鳍后下方，小于胸鳍，有长三角形的腋鳞。肛门在两腹鳍间，约与腹鳍鳍条中部相对。体银白色，浸泡标本体浅棕色，吻端黑色。体侧自胸鳍基部至尾鳍基部有一条银灰色的纵带，2～3 片鳞片宽。头顶及体背鳞片边缘有黑色小点。尾鳍灰黑色，其余各鳍浅色。

地理分布及生活习性： 近海鱼类，分布于中国沿海；在印度-西太平洋地区及朝鲜、日本均有分布。暖水性上层小型鱼类。多栖息于河口及沿海内湾的中上层，喜集群，有趋光性。摄食桡足类、糠虾、无节幼虫、介形类及轮虫等。个体较小，群体数量颇大。

IUCN 评估等级： 未予评估（Not Evaluated，NE）。

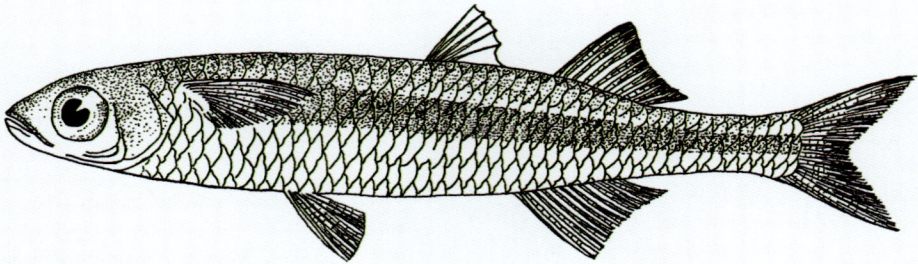

图片提供人：石月莹（依《广东淡水鱼类志》绘）

O9 颌针鱼目 BELONIFORMES

F19　鱵科 Hemirhamphidae

133．乔氏吻鱵 *Rhynchorhamphus georgii*（Valenciennes，1847）

英文名： Long billed half beak

形态特征： 体侧扁。眼侧位而高。鼻孔略呈圆形。口小，前位；上颌短，下颌延长呈喙状。两颌仅相对部分具齿，上颌齿呈带状，下颌齿两行。被圆鳞，易脱落。侧线位置低，近体下缘。背鳍、臀鳍相对。腹鳍近腹部后方。尾鳍叉形，下叶长于上叶。体淡黄色，体侧具灰黑色纹带，背部鳞黑绿色，背鳍和尾鳍边缘均为黑色，其他各鳍浅色。

地理分布及生活习性： 分布于福建南部、台湾海峡、南海等。暖水性中小型鱼类。栖息于河口咸淡水及沿岸附近水域。

IUCN 评估等级： 未予评估（Not Evaluated，NE）。

A　鼻孔（示鼻瓣）

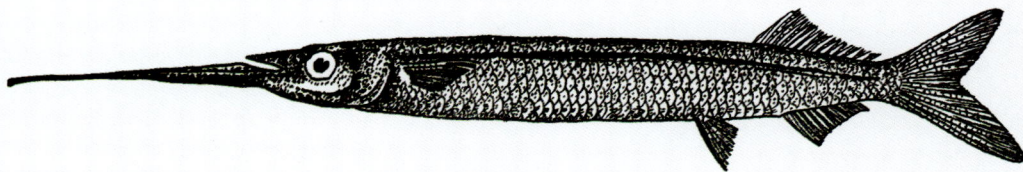

图片提供人：石月莹（依《广东淡水鱼类志》绘）

134．间下鱵 *Hyporhamphus intermedius*（Cantor，1842）

地方名： 补网师、水针鱼

英文名： Asian pencil halfbeak

形态特征： 体细长，侧扁。上颌短小，下颌延长呈喙状。上下颌具微细单峰齿，下颌之后部具三峰齿。体被圆鳞。侧线位置低。背鳍与臀鳍相对，后位，背鳍前鳞48～63。臀鳍起点在背鳍第1～第3软条之下方。腹鳍短小。尾鳍浅开叉，下叶略长于上叶。体背呈浅灰蓝色，腹部白色，体侧中间有一条银白色纵带，喙为黑色，前端橘红色，尾鳍边缘黑色，其余各鳍淡色。

地理分布及生活习性： 我国沿海及内陆湖泊均有分布。暖水性小型鱼类。主要栖息于沿岸水域表层，集群游动，可进入河口区及河川下游。摄食浮游动物为主。

易辨识特征： 体侧中间有一条银白色纵带，喙为黑色，前端橘红色，尾鳍边缘黑色，其余各鳍淡色。

IUCN 评估等级： 未予评估（Not Evaluated，NE）。

标本采集地： 东莞。

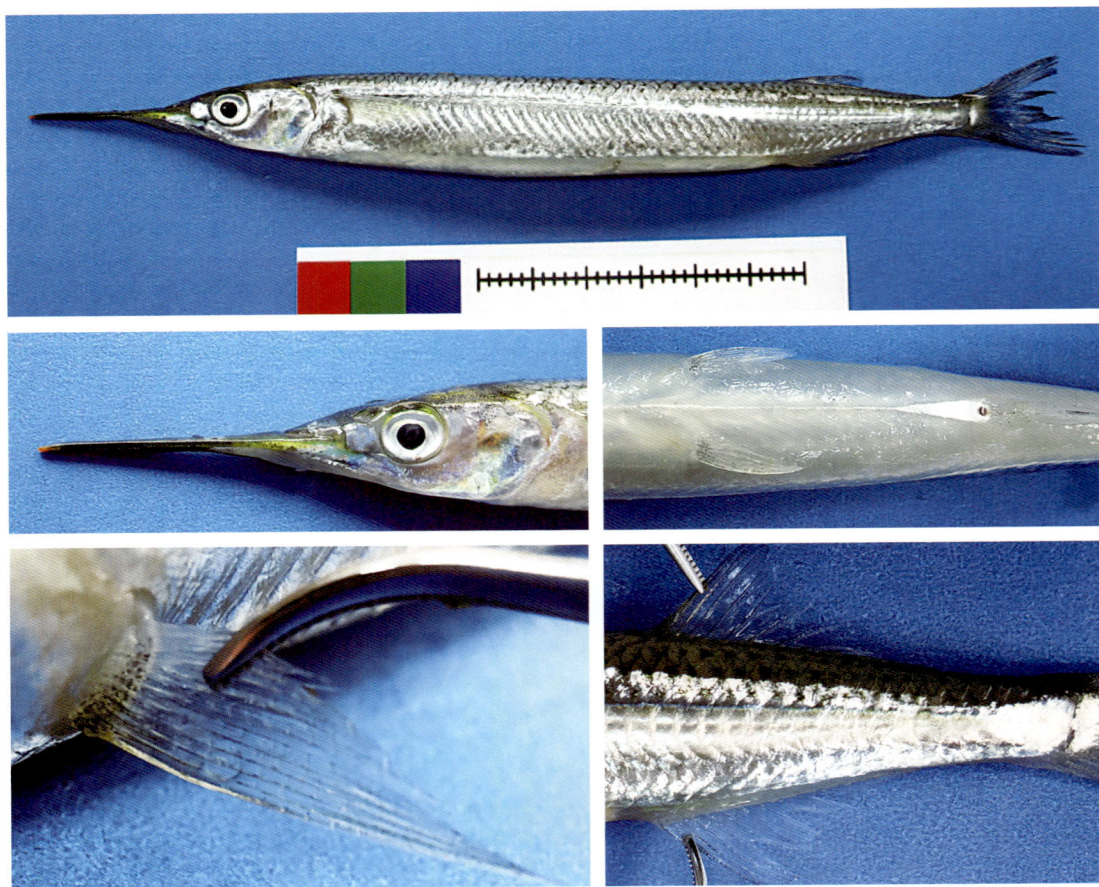

图片提供人：邓利

135. 缘下鱵 *Hyporhamphus limbatus*（Valenciennes，1847）

地方名： 边鱵、中华鱵

英文名： Congaturi halfbeak

形态特征： 体延长，侧扁。眼中大，眼间隔宽，中间稍突，略大于眼径。鼻孔每侧一个，具一圆形嗅瓣。上颌短，下颌延长呈喙状，喙长稍大于头长。上下颌齿多行，大约为三峰齿。体被圆鳞。侧线下侧位，在胸鳍下方具一分支，向上伸达胸鳍基部。背鳍位于体之后部。臀鳍起点在背鳍起点后下方。腹鳍在腹部远后方。尾鳍呈叉形。

地理分布及生活习性： 北起福建福州、南到海南三亚等水域有分布。暖水性中小型鱼类。栖息于河口咸淡水及沿岸附近水域。

易辨识特征： 上颌短，下颌延长呈喙状。

IUCN 评估等级： 无危（Least Concern，LC）。

标本采集地： 东莞。

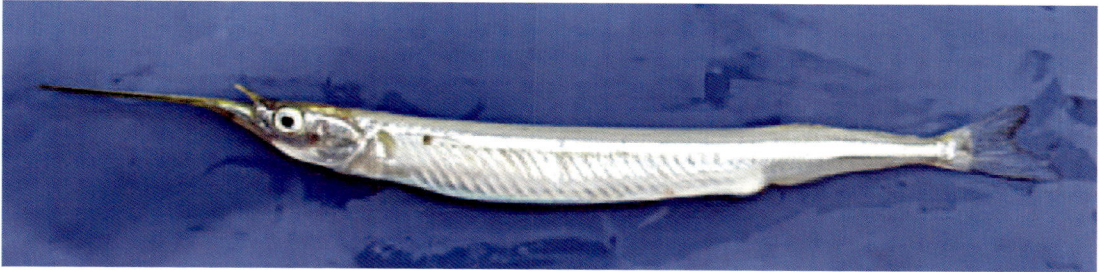

图片提供人：陈刚

O10 刺鱼目 GASTEROSTEIFORMES

F20 海龙科 Syngnathidae

136．尖海龙 *Syngnathus acus* Linnaeus，1758

地方名： 杨枝鱼

英文名： Greater pipefish

形态特征： 体细长，呈柱状，躯干部七棱形；体上棱稍突出，光滑。头细长，与躯干在同一直线上。吻较细长，呈管状。眼小而圆，位于头侧中央后上方。眼眶微凸出，眼间窄小，微凹。鼻孔每侧两个，很小，紧靠眼前缘。口小，前上位，上下颌微可伸缩。无齿。鳃盖中央具直线隆起嵴。鳃孔小，位于头背缘。肛门孔小，位于体 1/2 的前方腹侧。各鳍无棘，鳍条均不分枝。臀鳍极为短小。胸鳍扇形。尾鳍较长，呈截形。体无鳞，完全包于骨环中。雌鱼尾部前方腹侧具育儿囊。

地理分布及生活习性： 分布于广东各河口咸淡水区域及近海沿岸。暖温性近海小型鱼类。栖息于河口咸淡水区域及近海，亦可进入淡水中。常栖息于海藻丛中。

IUCN 评估等级： 未予评估（Not Evaluated，NE）。

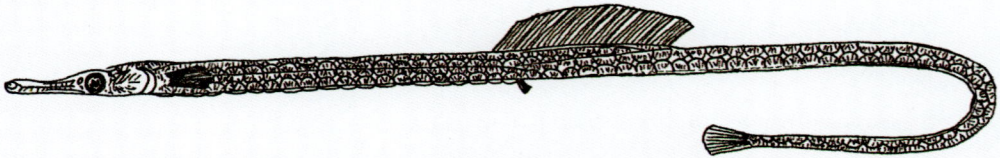

图片提供人：石月莹（依《广东淡水鱼类志》绘）

O11　鲻形目 MUGILIFORMES

F21　鲻科 Mugilidae

137. **棱鲛** *Liza carinata*（Valenciennes，1836）

地方名： 白鱼、西鱼、鲻鱼、乌头

图片提供人：邓利

英文名： Keeled mullet

形态特征： 体长形，前部纺锤形，后部侧扁；第一背鳍正中有一纵行棱嵴。头圆锥形。口小，下位。脂眼睑不发达，不大于瞳孔。鼻孔每侧两个。上下颌各有一行绒毛状细齿。假鳃发达。体被大型栉鳞，头及颊部亦被鳞，吻上鳞始于前鼻孔稍前方。胸鳍、腹鳍基部有腋鳞。体青灰色，腹部白色。

地理分布及生活习性： 分布于中国沿海，可进入珠江河口；红海、印度洋有分布。中上层鱼类。栖息于淡水河口及近岸水域，也可进入淡水江段。摄食藻类、有机碎屑及浮游动物。

IUCN 评估等级： 未予评估（Not Evaluated，NE）。

标本采集地： 东莞。

138. 鮻 *Liza haematocheila*（**Temminck & Schlegel，1845**）

地方名： 潮鲻、赤眼鲻

英文名： So-iuy mullet

形态特征： 体呈圆筒形。口亚下位，呈"人"字形。上颌略长于下颌，上颌骨在口角处急剧下弯，下颌前端有一突起，与上颌凹陷相嵌合。眼较小，稍带红色。脂眼睑不发达，仅存在于眼的边缘。体被大型圆鳞，头部亦被鳞，头背部鳞片开始于前鼻孔。胸鳍腋鳞不存在。无侧线，有两个背鳍。头、背部深灰绿色，体侧灰色。

地理分布及生活习性： 分布于我国沿海及江河口沿岸一带。多栖息于沿海及江河口的咸淡水中，亦能进入淡水中生活。以浮游生物为食，也食植物碎片。

易辨识特征： 口亚下位，呈"人"字形。眼较小，稍带红色。无侧线，有 2 个背鳍。

IUCN 评估等级： 未予评估（Not Evaluated，NE）。

标本采集地： 东莞。

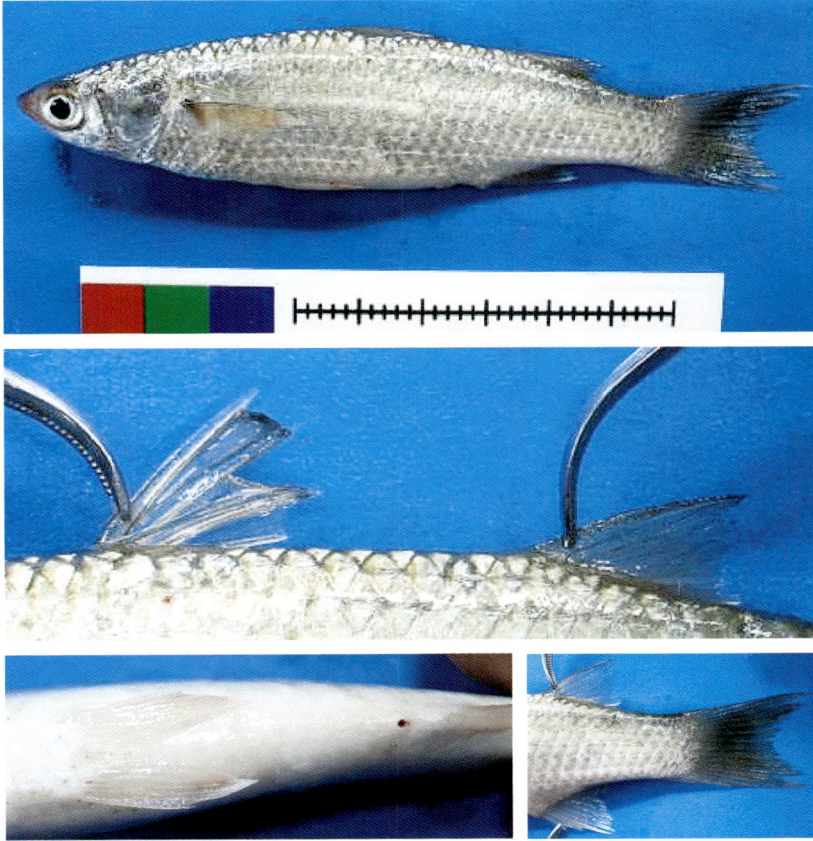

139．粗鳞鲮 *Liza dussumieri*（Valenciennes，1836）

别名：绿背鲮、白鲮

地方名：西鱼、白鲻、鲻鱼

英文名：Greenback mullet

同物异名：*Chelon subviridis*（Valenciennes，1836）

形态特征：体侧扁，背、腹缘浅弧形，尾柄宽长。头中等大，近似钝锥形；背部宽阔，微隆起；两侧隆突；颊部圆狭。吻短钝，吻长等于或略小于眼径，吻宽稍大于吻长。体被弱栉鳞，头部被圆鳞。

地理分布及生活习性：分布于中国台湾；南非、孟加拉国、印度、泰国、日本、缅甸、马来西亚和澳大利亚等海域有分布。暖水性中小型鱼类。栖息于河口及近岸水域，也进入淡水江段下游。

IUCN 评估等级：未予评估（Not Evaluated，NE）。

标本采集地：东莞。

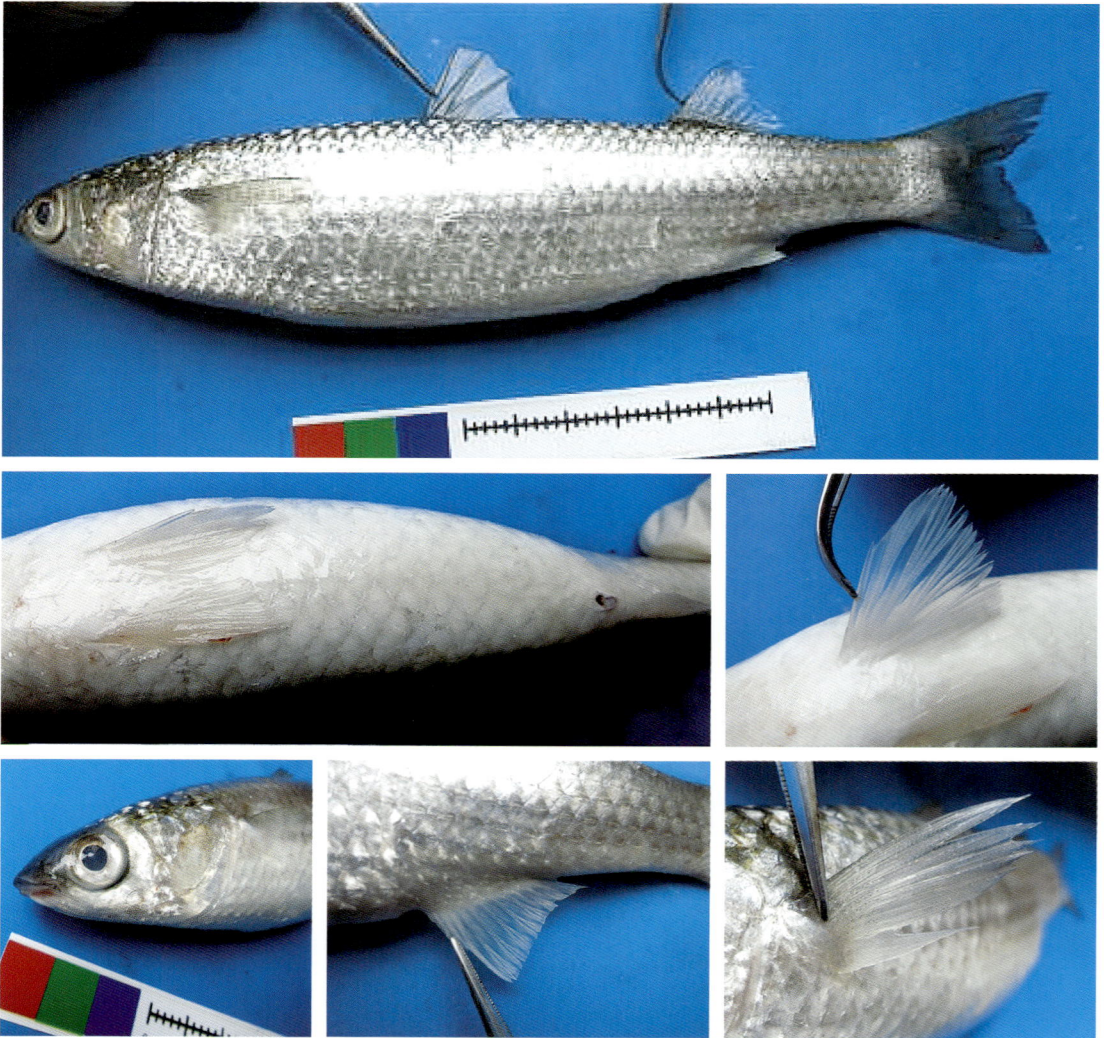

图片提供人：邓利

F22　马鲅科 Polynemidae

140．四指马鲅 *Eleutheronema tetradactylum*（Shaw，1804）

地方名： 马鲅、偶鱼（海南）、马友、午鱼、等

英文名： Fourfinger threadfin

形态特征： 体延长，略侧扁。口大，下位。吻圆钝，上颌长于下颌，两颌牙细小，呈绒毛状。体被大而薄的栉鳞，头部其余部分均被鳞。背鳍、臀鳍、胸鳍基部均有鳞鞘。除第一背鳍及胸鳍游离鳍条外，其余各鳍均被细鳞。背鳍两个，间隔较大。胸鳍下方有 4 条游离的丝状鳍条。尾鳍深叉形。体背部灰褐色，腹部乳白色，背鳍、胸鳍和尾鳍均呈灰色，边

缘浅黑色。

地理分布及生活习性：中国沿海均产，以南方为多；分布于印度洋和太平洋西部。喜好泥沙底质环境。肉食性，以浮游动物及小型软体动物为食。每年 5～6 月向港湾作生殖洄游，群栖性鱼类，有时游入河口或红树林内觅食，生殖后游向外海。

IUCN 评估等级：未予评估（Not Evaluated，NE）。

标本采集地：东莞。

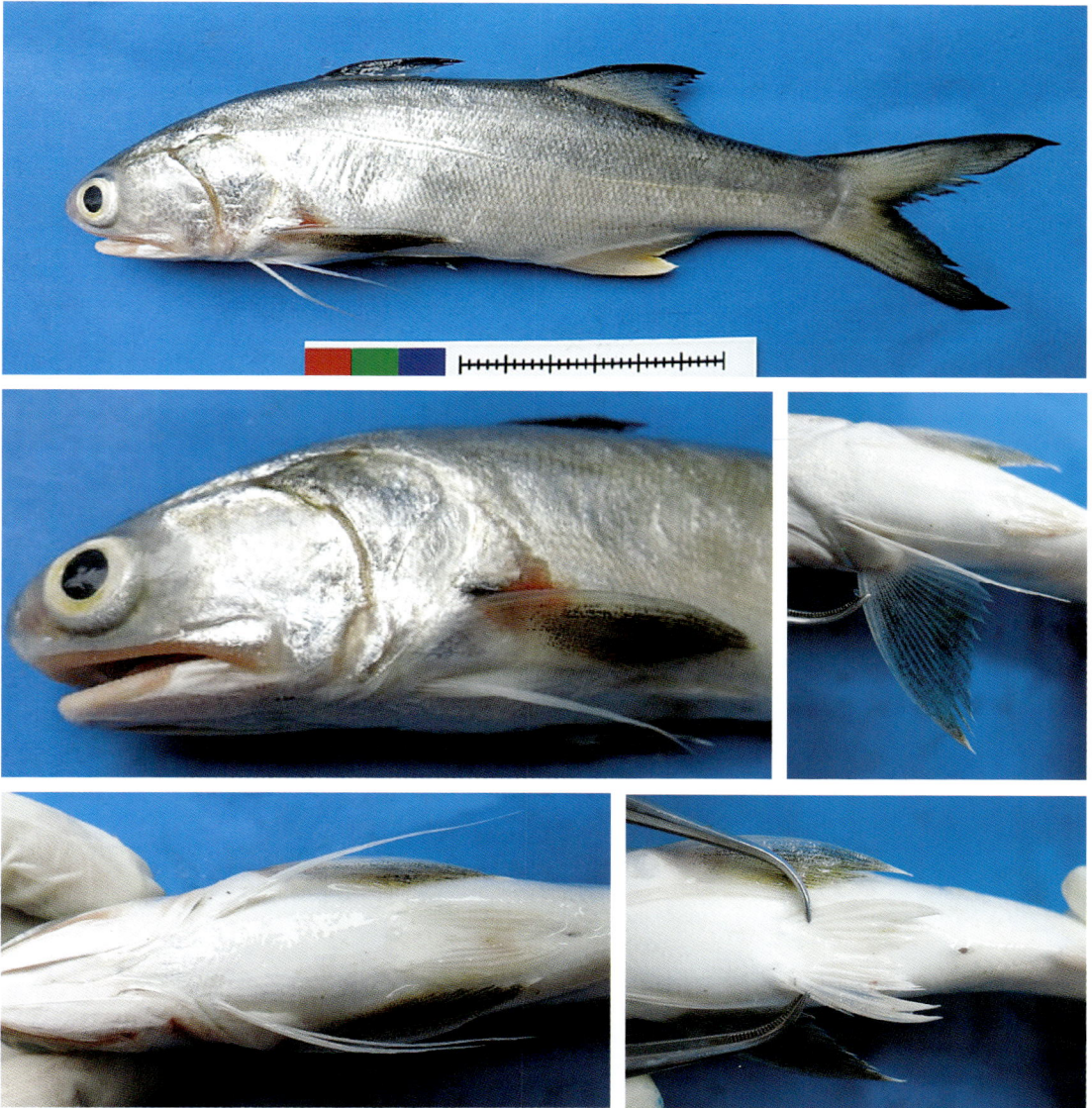

图片提供人：邓利

O12　合鳃鱼目 SYNBRANCHIFORMES

F23　合鳃鱼科 Synbranchidae

141.黄鳝 *Monopterus albus*（Zuiew，1793）

地方名：黄鳝、罗鳝、蛇鱼

英文名：Asian swamp eel

形态特征：体细长呈蛇形，尾短而尖。口大，后端可伸达眼后缘下方。鼻孔每侧两个。上颌稍突出于下颌，两颌均具细齿。眼小。左右鳃孔于头腹面合二为一。体表无鳞，皮肤光滑，侧线明显。奇鳍互连，均无鳍条。偶鳍缺如。背鳍始于肛门的前上方。臀鳍前部不明显，近尾鳍处方显现。体呈黄褐色，腹侧淡黄色。全身有不规则黑色斑点。

地理分布及生活习性：分布极广，几乎遍及亚洲大陆。栖息在池塘、小河、稻田等处的泥洞或石缝中。摄食小鱼、水生昆虫等。夏季繁殖，有性逆转现象。

IUCN 评估等级：无危（Least Concern，LC）。

物种保护等级：我国重要养殖鱼类之一，肉嫩味鲜，营养价值甚高，经济价值较大。

标本采集地：东莞。

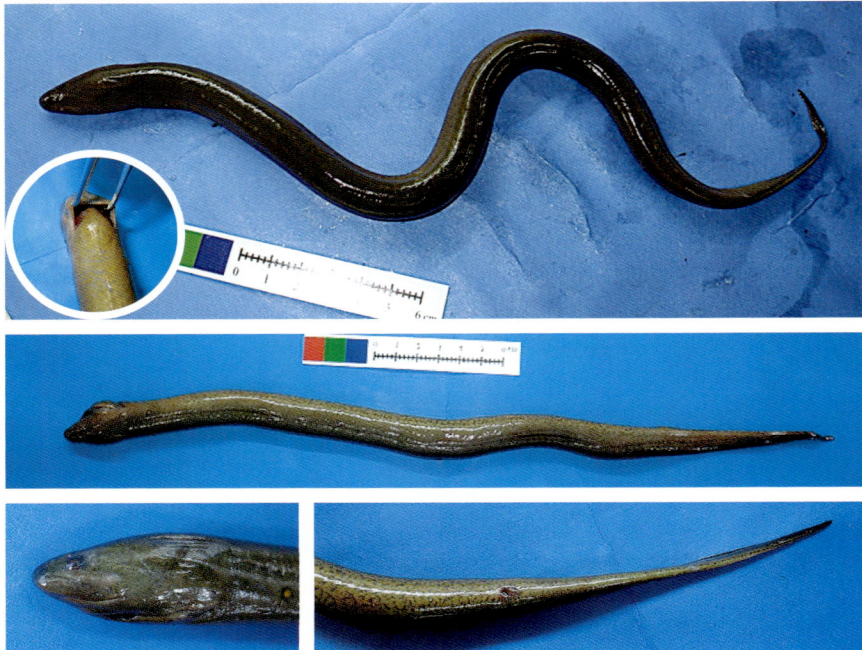

图片提供人：邓利

O13 鲈形目 PERCIFORMES

F24　鮨科 Serranidae

142．花鲈 *Lateolabrax japonicus*（Cuvier，1828）

地方名：鲈鱼、花寨、板鲈、鲈板

英文名：Japanese seabass

形态特征：体长，侧扁，背腹面皆钝圆。头中等大，略尖。口大，端位，斜裂，吻尖，上颌伸达眼后缘下方。两颌、犁骨及腭骨均具细齿。前鳃盖骨的后缘有细锯齿，其后角下缘有3个大刺，后鳃盖骨后端具1个刺。鳞小。侧线完全、平直。背鳍两个，仅在基部相连，第1背鳍为12根硬刺，第2背鳍为1根硬刺和11～13根软鳍条。体背部灰色，两侧及腹部银灰色。体侧上部及背鳍有黑色斑点，斑点随年龄的增长而减少。

地理分布及生活习性：分布于中国沿海；东亚包括朝鲜及日本的近岸浅海均有分布。喜栖息于河口或淡水处，亦可进入江河淡水区。

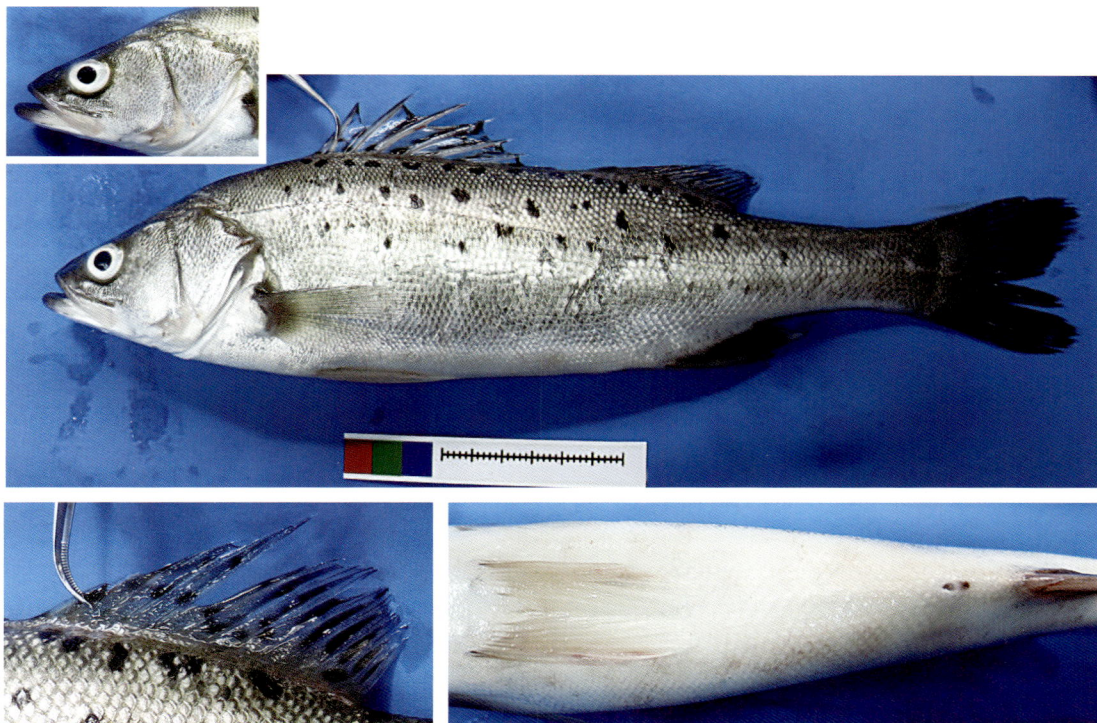

图片提供人：邓利

易辨识特征： 背鳍两个，体侧上部及背鳍有黑色斑点。

IUCN 评估等级： 未予评估（Not Evaluated，NE）。

标本采集地： 东莞。

143．中国少鳞鳜 *Coreoperca whiteheadi* Boulenger，1900

地方名： 桂花鱼、母猪壳、羊眼桂鱼

同物异名： *Siniperca whiteheadi* Boulenger，1900

形态特征： 体侧扁，略呈圆筒状。头部有黑色小圆斑。眼大。上下颌具齿，上颌后缘不达眼后缘下方。体侧有较多不规则黑斑，有的周缘镶白环或黄环。体黄褐色，腹部黄白色。

地理分布及生活习性： 分布于西江、北江、珠江三角洲流域。喜栖息于江、河、湖泊的流水环境。性凶猛，以鱼、虾为食。

IUCN 评估等级： 无危（Least Concern，LC）。

图片提供人：赵会宏

144．波纹鳜 *Siniperca undulata* Fang & Chong，1932

地方名： 癞头桂、竹叶桂

形态特征： 体长圆形，侧扁。头大。口大，前位，斜裂。吻略尖突。前鳃盖骨、间鳃盖骨后缘有明显锯齿，鳃盖骨后缘有2刺。体、颊、鳃盖均被小鳞。背鳍基长，胸鳍、尾鳍圆形，侧线前段稍弯，沿背缘向后延伸，后段较平直，沿尾柄中线伸达尾鳍基部。腹鳍前移，具硬棘。体侧有数条黄色纵波纹。

地理分布及生活习性： 主要分布于珠江水系和长江水系。江河流水中生活的小型鱼类。常栖于河底石缝。性凶猛，以小鱼、虾为食。

IUCN 评估等级： 近危（Near Threatened，NT）。

标本采集地： 新丰江。

图片提供人：赵俊

145．斑鳜 *Siniperca scherzeri* Steindachner，1892

地方名： 石鳜、圆筒鳜、竹筒鳜、桂花鱼

英文名： Leopard mandarin fish

形态特征： 体侧扁，背为圆弧形，不甚隆起。口大，端位，稍向上倾斜。下颌略突出。上下颌骨、犁骨及腭骨都有绒毛状齿，下颌二侧齿扩大为犬齿，且多为双双并生，齿端尖锐。鳃耙4，幽门盲囊45～83。前鳃盖骨、间鳃盖骨和下鳃盖骨的后下缘有绒毛状细锯齿。鱼体、鳃盖均被细鳞。侧线完全，侧线鳞104～124。背鳍前部具鳍棘12～13，后部具鳍条11～12。胸鳍具鳍棘1，鳍条14。腹鳍具鳍棘1，鳍条5。臀鳍具鳍棘3，鳍条7～9。头部具暗黑色的小圆斑，体侧有较多的环形斑。体棕黄色或灰黄色，腹部黄白色，头顶、背部及侧线上下都有近似圆形的大小不等的黑斑，但不呈条纹状。各鳍棘上有黑色斑点，胸鳍、腹鳍为淡褐色。

地理分布及生活习性： 分布于珠江和长江下游水系，北至辽河和鸭绿江水系。江、河、湖泊中都能生活，尤喜栖息于流水环境。底栖，喜藏于石块、树根或繁茂的草丛之中。以小鱼、小虾为食。生活适宜水温为15～32℃，在水温7℃以下时活动及摄食减弱，潜于深水处越冬；春天水温回升后，逐渐游到食物丰富的沿岸水草丛中觅食。

IUCN 评估等级： 数据缺乏（Data deficient，DD）。

物种保护等级： 属重要经济鱼类，肉质细嫩，味鲜美，现数量减少，应注意保护。

标本采集地： 枫树坝水库。

图片提供人：邓利、赵会宏

146．大眼鳜 *Siniperca kneri* Garman，1912

地方名： 桂花鱼、母猪壳、刺薄鱼、羊眼桂鱼

英文名： Big-eye mandarin fish

形态特征： 体较长，侧扁，头、背部轮廓线隆起，胸、腹部轮廓线呈弧形。口大，端位，略倾斜。上颌后缘不达眼后缘下方，下颌较明显突出于上颌之前，上下颌具齿，口闭合时下颌前端的齿不外露。眼大，上侧位。头部有黑色小圆斑，头背部至背鳍前有一褐色带纹。背鳍基部有 4 个黑褐色鞍状斑纹。体侧满布有不规则的棕褐色斑点和条纹，背鳍、尾鳍上有数列棕褐色斑点。

地理分布及生活习性： 分布于长江流域或淮河中下游各地。喜栖息于江、河、湖泊的流水环境。性凶猛，以鱼、虾为食。近年来因人工养殖，在东江亦有分布。

IUCN 评估等级: 数据缺乏(Data deficient,DD)。

标本采集地: 枫树坝水库。

图片提供人:邓利、赵会宏

147. 鳜 *Siniperca chuatsi*(Basilewsky,1855)

地方名: 桂鱼、桂花鱼、胖鳜鱼、季花鱼、鳌鱼、花鲫鱼

英文名: Mandarin fish

形态特征: 体长、高而侧扁。头尖。口大,端位。口裂略倾斜,上颌骨延伸至眼后缘,下颌稍突出,上下颌前部的小齿扩大呈犬齿状。眼上侧位,前鳃盖骨后缘具4~5个棘,鳃盖骨后部有2个平扁的棘。圆鳞细小。背鳍长,前部为棘,后部为分枝软条。身体呈黄绿色带金属光泽,腹部黄白色。尾鳍基部有1~2个小的黑色斑块。奇鳍上均有成行排列的黑色斑点。体两侧有大小不规则的褐色条纹和斑块。

地理分布及生活习性: 中国南至广东、北至黑龙江的几乎所有江、河、湖泊均有分布,以长江中下游水域为多。肉食性底栖凶猛鱼类。主要捕食小型鱼类及虾类。

IUCN 评估等级： 未予评估（Not Evaluated，NE）。

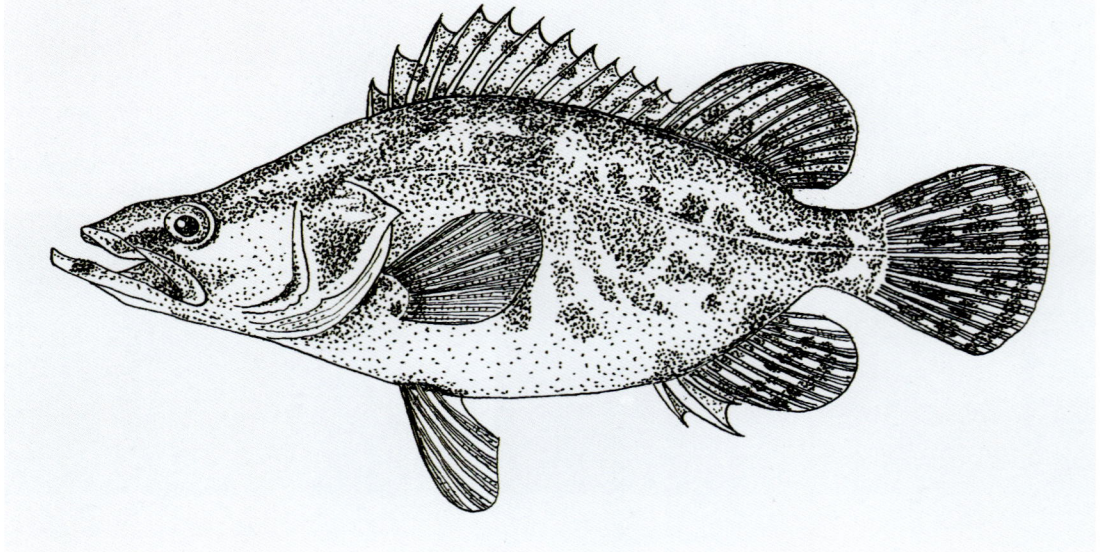

图片提供人：赵会宏、刘全儒（绘）

F25 鱚科 Sillaginidae

148．鱚 *Sillago sihama*（Forsskål，1775）

地方名： 沙肠仔、沙鲮、沙钻、船丁鱼、麦穗

英文名： Silver sillago

形态特征： 体背、腹缘微凸。头较长。吻锥形，吻长大于眼后头长。眼较大，眼径约为吻长的一半。鼻孔每侧两个，圆形，大小相似，相互紧靠。鳃孔大，前鳃盖骨边缘光滑，鳃盖骨后上角有棘，鳃耙短小。体被栉鳞，吻部和颊部部分无鳞。侧线完全、平直，在胸鳍

上方稍弯。背鳍两个，分离。臀鳍与第二背鳍同形。胸鳍中等大。腹鳍在胸鳍基部下方。尾鳍前凹。体背侧灰色，腹部色浅，各鳍浅黄色。

地理分布及生活习性：中国广东各河口区有分布；国外分布范围为印度洋至西太平洋，红海与南非的耐斯纳至日本，南至澳大利亚。近海底栖性鱼。常生活于泥砂底质之沿岸或内湾水域。

IUCN 评估等级：未予评估（Not Evaluated，NE）。

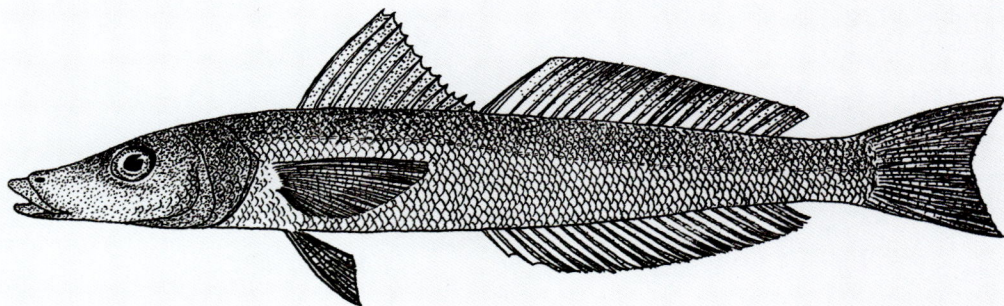

图片提供人：石月莹（依《广东淡水鱼类志》绘）

149. 少鳞鱚 *Sillago japonica* Temminck & Schlegel，1843

地方名：青沙

英文名：Japanese sillago

形态特征：体呈长圆柱形，略侧扁，头长而尖，中等大。口小，前下位，开于吻端。吻端稍突出，吻长略小于眼后头长，上下颌有带状细齿，腭骨及舌上均无齿。主鳃盖骨小，有一短棘；前鳃盖骨后缘垂直，平滑或略有锯齿，下缘水平。眼间隔狭小，微圆凸。鼻孔每侧各两个，在眼的前上方。背鳍2个，第一背鳍具XI硬棘，起点与侧线间有鳞3行；第二背鳍I硬棘，21~23软条。臀鳍有2个弱棘，22~24软条，与第二背鳍相对。腹鳍正常，其外缘硬棘不鼓起。尾鳍后缘截平或浅凹。胸鳍中侧位。腹鳍胸位，略小于胸鳍。体呈棕黄色，背侧较深，背鳍、尾鳍浅灰色，其余各鳍无色。

地理分布及生活习性：分布于中国北方沿海及台湾，台湾主要分布于西北部及澎湖海域，在广东河口及近岸一带都有分布；在国外分布于西北太平洋区，包括日本、韩国。暖水性底层鱼类。栖息于沿海砂质海底的中下层。摄食多毛类、小虾蛄等底栖动物，也食桡足类、端足类。

IUCN 评估等级：无危（Least Concern，LC）。

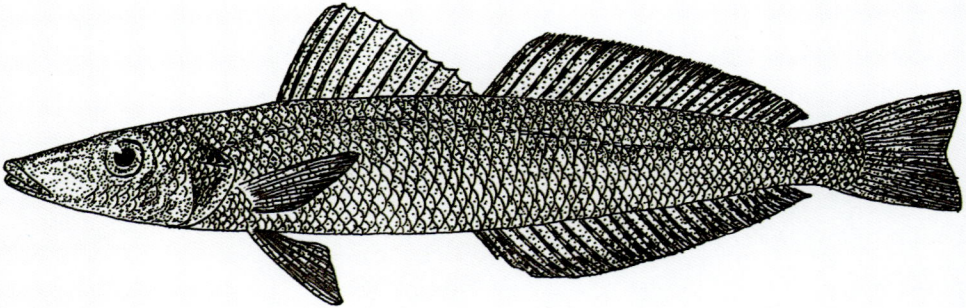

图片提供人：戴远棠、石月莹（依《广东淡水鱼类志》绘）

F26　石首鱼科 Sciarnidae

150．黄唇鱼 *Bahaba taipingensis*（Herre，1932）

地方名： 黄花鱼、白花鲈

英文名： Chinese bahaba

形态特征： 体长而侧扁，背部略隆起，尾部细长。头中等大，稍侧扁。吻钝，吻褶边缘完整，不游离成叶状。眼中大，侧上位。眼间狭，中间稍隆起。口前位。口裂倾斜，上下颌大约相等。鼻孔两个，位于眼前方，后鼻孔比前鼻孔大，前鼻孔圆形，后鼻孔椭圆形。鳃耙细长，假鳃发达。前鳃盖骨边缘具弱小锯齿，鳃盖骨后具 2 个扁棘，鳃盖膜不与颊部相连。背鳍起点在体长的 1/3 处，第三棘最长。胸鳍尖长。腹鳍胸位，在胸鳍的下方，第一鳍条延伸突出，呈线状。尾鳍呈标枪头状。体侧背部灰色或浅黄色，腹部银白色。胸鳍基部有一黑斑，背鳍的鳍棘部黑色，尾鳍灰黑色，臀鳍及腹鳍浅色。

地理分布及生活习性： 我国东海、南海均有分布，偶尔可入珠江口生活。近海暖温性稀有底层鱼类。栖息于近海水深 50～60m 海区，幼鱼栖息于河口及其附近沿岸。肉食性。

IUCN 评估等级： 极度濒危（Critically Endangered，CR）（Azbd）。

物种保护等级： 中国特有种。

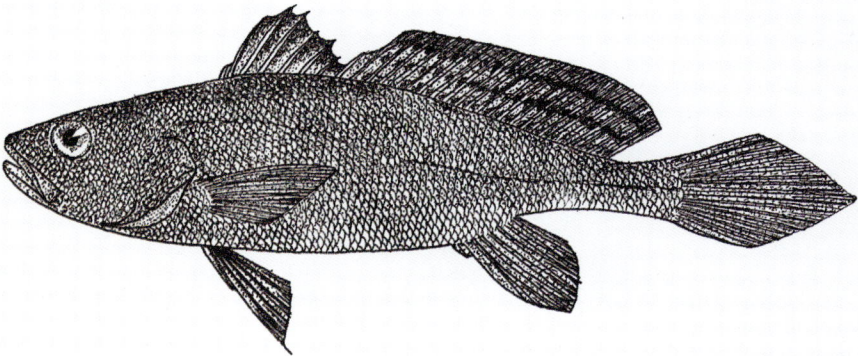

图片提供人：陆炳乾、石月莹（依《广东淡水鱼类志》绘）

151. 棘头梅童鱼 *Collichthys lucidus*（Richardson，1844）

地方名： 黄皮狮头鱼、黄皮

形态特征： 体延长，侧扁，背部呈浅弧形，腹部平圆，尾柄细长，额部隆起，高低不平。吻短钝。眼小，侧上位，接近吻端。眼间宽，口大，前位，口裂倾斜度大。鼻孔两个，位于眼前方与吻端之间，前鼻孔圆形，比后鼻孔大，后鼻孔裂缝状，接近眼缘。鳃耙细长，有假鳃，鳃孔大。背鳍两个互为连接，中间具有一深凹刻，第一背鳍起点在胸鳍基部的上方；第二背鳍最长鳍条比最长鳍棘长，以第15～第16鳍条最长。臀鳍起点在背鳍第10～第12鳍条的下方。腹鳍胸位，左右腹鳍相邻。胸鳍侧位，位低，尖长，末端超过腹鳍末端。体被小圆鳞。自背鳍鳍条部及臀鳍基部起1/3～1/2处有小鳞。体背侧灰黄色，腹侧金黄色。背鳍边缘及尾鳍末端黑色，各鳍淡黄色。

地理分布及生活习性： 分布于中国南海、黄海、渤海、东海，河口亦常见；日本九州也有分布。暖水性近海底层小型鱼类。

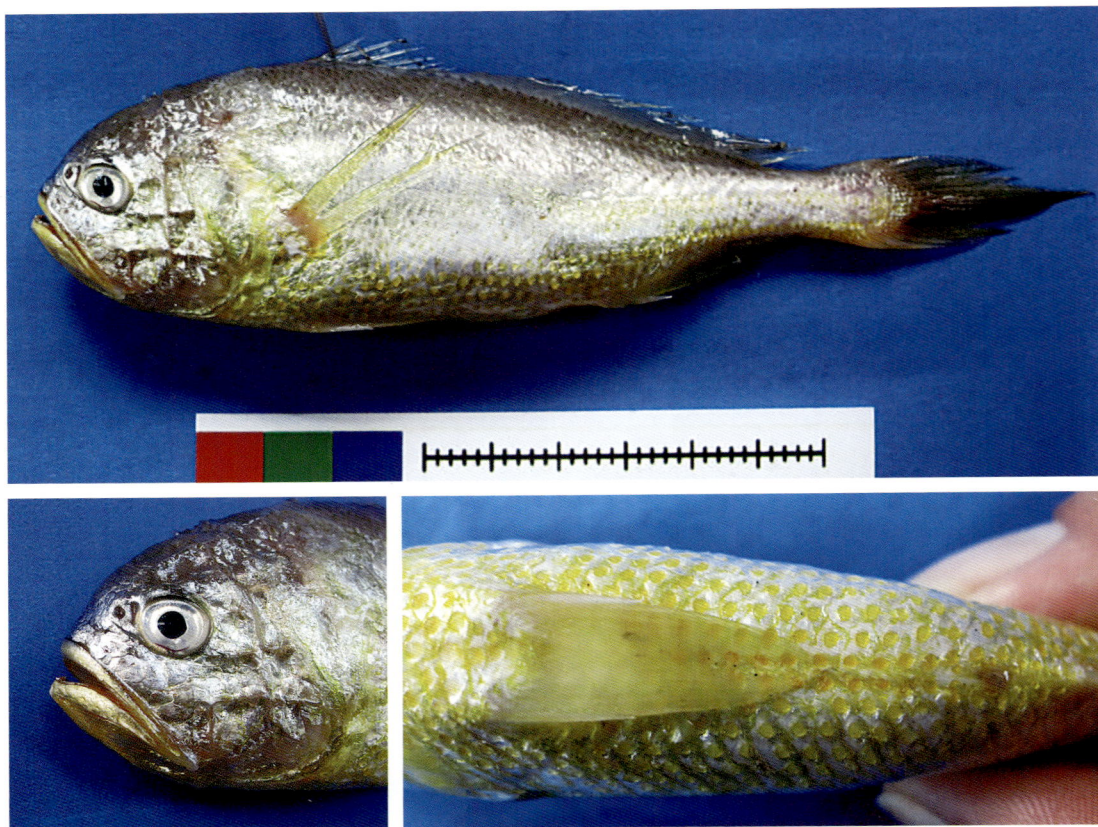

图片提供人：邓利

IUCN 评估等级：未予评估（Not Evaluated，NE）。

样本采集地：东莞。

F27　鲾科 Leiognathidae

152．静鲾 *Leiognathus insidiator*（Bloch，1787）

地方名： 金钱仔、榕叶仔、金钱、花令仔

英文名： Pugnose ponyfish

同物异名： *Secutor insidiator*（Bloch，1787）

形态特征： 体椭圆形，腹缘较背缘圆凸，幼鱼体较长，尾柄短，头前部较平，至项部处隆起，项棘较短。头部腹面突出。吻钝，前端不平截，短于眼径。眼中等大，上侧位，眼间隔稍凹，小于眼径。鼻孔每侧两个，前鼻孔椭圆形，较小，后鼻孔裂缝状，在眼的前上方。口裂上斜，几乎垂直。鳃孔中等大，假鳃发达，鳃耙细长。胸部有鳞，侧线稍弯曲，与背缘近乎平行。背鳍鳍棘部与鳍条部连续，中间有缺刻。胸鳍中侧位。腹鳍短小，近胸位。尾鳍深叉形。肛门在腹鳍起点后方。体背部银蓝色，腹部银白色，背部有 12 条以上不规则的蓝色斑纹所连成的横纹。胸鳍、尾鳍黄色，其余各鳍灰白色。

地理分布及生活习性： 分布于广东各河口区。暖水性小型鱼类。栖息于近岸或河口区，也进入淡水生活。

易辨识特征： 背部银蓝色，腹部银白色，背部有 12 条以上不规则的蓝色斑纹所连成的横纹。

IUCN 评估等级： 未予评估（Not Evaluated，NE）。

样本采集地： 东莞。

图片提供人：邓利

153．短吻鲾 *Leiognathus brevirostris*（Valenciennes，1835）

地方名： 小鞍斑鲾、金钱仔

英文名： Shortnose ponyfish

形态特征： 体长卵圆形，背、腹缘轮廓形状相似，尾柄较长。头较小，项背高起。吻稍短钝，约与眼径等长。眼中等大，侧上位，前上缘有两根小棘，眼间隔略小于或几乎等于眼径。鼻孔每侧两个，在眼的前上方，前鼻孔小，卵圆形，后鼻孔大，椭圆形。口前位。口裂几乎水平。背鳍鳍棘部与鳍条部连续。胸鳍中侧位。腹鳍短小，近胸位。尾鳍叉形。体背部浅蓝色，并有稀而不规则浅黄色斑纹，腹部银白色。自眼上缘至尾鳍基部有一条黄色纵带。头后有一蓝色鞍状斑。臀鳍棘为浅黄色，背鳍第2～第7棘的上半部有一个深黑斑，尾鳍下叶后半部黄色。

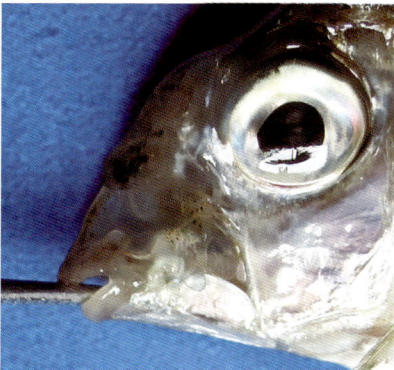

图片提供人：邓利、赵会宏

地理分布及生活习性： 分布于珠江三角洲、粤西流域。暖水性小型鱼类。常栖息于河口咸淡水水域。捕食小型甲壳类、多毛类。

易辨识特征： 自眼上缘至尾鳍基部有一条黄色纵带。头后有一蓝色鞍状斑。背鳍第2～第7棘的上半部有1个深黑斑。

IUCN 评估等级： 未予评估（Not Evaluated，NE）。

样本采集地： 东莞。

154. 粗纹鲾 *Leiognathus lineolatus*（Valenciennes，1835）

地方名： 花令仔、金钱仔

英文名： Ornate ponyfish

同物异名： *Equulites lineolatus*（Valenciennes, 1835）

形态特征： 体呈椭圆形而稍侧扁；背、腹部轮廓相当，头颈部平滑；吻稍突，吻长稍小于眼径。眼中等大，上侧位，眼上缘具一鼻后棘。鼻孔每侧两个，在眼的前上方。口前位，口裂几乎水平，上下颌仅一列细小齿。前鳃盖下缘具细锯齿。头部不具鳞，体完全被圆鳞，腹鳍具腋鳞，背鳍及臀鳍具鞘鳞。侧线仅达背鳍末端下方或稍前。背鳍单一，硬棘部和软条相连。胸鳍发达，似镰刀形。尾柄细窄，中等长，尾鳍深叉形。体蓝灰色，项部有一灰黑色的鞍状斑块，鳍棘上半部较深。

地理分布及生活习性： 分布于中国珠江水系各河口区；印度西太平洋区有分布。暖水性小型鱼类。栖息于咸淡水水域。

IUCN 评估等级： 未予评估（Not Evaluated，NE）。

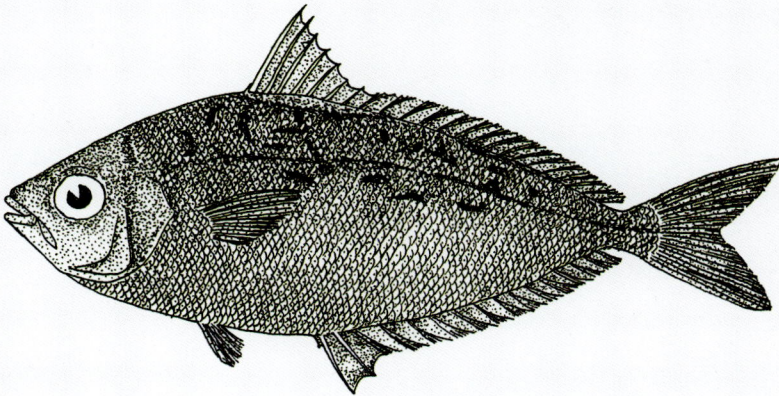

图片提供人：石月莹（依《广东淡水鱼类志》绘）

F28 鲷科 Sparidae

155. 灰鳍鲷 *Acanthopagrus berda*（Forsskål，1775）

地方名： 乌翅

英文名： Goldsilk seabream

同物异名： *Sparus berda* Forsskål，1775

形态特征： 体背缘呈弧形突起，腹缘钝圆平直。口较小，上下颌约等长。眼间隔圆凸。前鼻孔小，圆形，距眼稍远；后鼻孔大，裂缝状，紧邻眼前方。体被弱栉鳞，吻部、眼间隔和前鳃盖骨无鳞，颊部有鳞5行。背鳍鳍棘部与鳍条部连续。臀鳍短。胸鳍尖长，末端伸达肛门上方。腹鳍较小。尾鳍上下叶末端较圆钝。体灰黑色，头部黑色。除胸鳍外，各鳍均呈灰黑色，臀鳍的中部有数条黑斑。

地理分布及生活习性： 主要分布于南海及台湾海峡。广盐性鱼类。常在河口区活动。杂食性，以藻类及小型底栖动物为食。

IUCN 评估等级： 未予评估（Not Evaluated，NE）。

样本采集地： 东莞。

图片提供人：赵会宏

156. 黄鳍鲷 *Acanthopagrus latus*（Houttuyn，1782）

地方名： 黄脚立、赤翅

英文名： Yellowfin seabream

同物异名： *Sparus latus* Houttuyn，1782

形态特征： 体长椭圆形，侧扁，背面狭窄，腹面钝圆。体高。头部尖。背鳍鳍棘部与鳍条相连。尾叉形。体色青灰色带黄色，体侧有若干条灰色纵线，沿鳞片而行。背鳍、臀鳍的一小部分及尾鳍边缘灰黑色，腹鳍、臀鳍的大部及尾鳍下叶为黄色。

地理分布及生活习性：分布于珠江三角洲及粤西流域。广盐性、暖水性中小型鱼类。栖息于沿岸及河口区。杂食性。摄食底栖硅藻，也食小型甲壳类。

易辨识特征：腹鳍、臀鳍的大部及尾鳍下叶为黄色。

IUCN 评估等级：未予评估（Not Evaluated，NE）。

样本采集地：东莞。

图片提供人：邓利

F29 石鲈科 Pomadasyidae

157．断斑石鲈 *Pomadasys argenteus*（Forsskål，1775）

地方名： 银鸡鱼、银石鲈

英文名： Silver grunt

同物异名： *Pomadasys hasta*（Bloch，1790）

形态特征： 体背缘中线较窄，腹缘圆钝，尾柄较长。口较小。吻稍尖，上下颌约相等。眼较小，上侧位，眼间隔圆凸，小于眼径。鼻孔每侧两个，靠近眼前，前鼻孔较大，后鼻孔略小。体被中等大的弱栉鳞。侧线向后伸至尾鳍基。背鳍鳍棘部与鳍条部之间有深缺刻。臀鳍较短小。胸鳍末端尖突，可伸达肛门。腹鳍较短小。尾鳍内凹，上下叶圆钝。体侧浅棕色，腹部灰白色，体侧上半部分有6～9条不连续的黑色横斑条。

地理分布及生活习性： 珠江水系各河口均有分布。暖水性、近岸性中下层鱼类。繁殖季节在1～2月，到内海产卵；4～5月在沿海能捕到小鱼。

IUCN 评估等级： 无危（Least Concern，LC）。

样本采集地： 东莞。

图片提供人：陈刚

F30 鲻科 Theraponidae

158．细鳞鲻 *Therapon jarbua*（Forsskål，1775）

地方名： 斑猪、海黄蜂、花身仔、鸡仔鱼

英文名： Jarbua terapon

形态特征： 体高而侧扁，呈长椭圆形，头背平直，体背部轮廓约略同于腹部轮廓。口中大，前位。吻略钝，上下颌约等长。唇不具肉质突起。前鳃盖骨后缘具锯齿；鳃盖骨上具2棘，下棘较长，超过鳃盖骨后缘，上棘细弱而不明显。鼻孔两个，靠眼前缘，相邻，前后鼻孔约等大，前鼻孔圆形，后鼻孔三角形。鳃耙短小，有假鳃，鳃孔大。侧线完全，前

部 2/3 段微隆起，后段平直。腹部圆，无棱，肛门位于臀鳍前方。背鳍连续，硬棘部与软条部间具缺刻。腹鳍位于胸鳍基后下方，其长不达肛门。胸鳍短，胸位。尾鳍分叉。体背黄褐色，腹部银白色。体侧有 3 条成弓形的黑色纵走带，以腹部为弯曲点，其最下一条由头部起经尾柄侧面中央达尾鳍后缘中央。背鳍硬棘第 4～第 7 棘间有一大型黑斑，软条部具 2～3 个小黑斑。尾鳍上下叶有斜走之黑色条纹。各鳍灰白色至淡黄色。

地理分布及生活习性： 分布于珠江三角洲及粤西流域。底栖性鱼类。主要栖息于沿海、河川下游及河口砂泥底质区。肉食性。以小型鱼类、甲壳类及其他底栖无脊椎动物为食。

IUCN 评估等级： 无危（Least Concern，LC）。

样本采集地： 东莞。

图片提供人：李荔、林中扶

F31 丽鱼科 Cichidae

159. 莫桑比克口孵非鲫 *Oreochromis mossambicus*（Peters，1852）

地方名： 罗非鱼

英文名： Mozambique tilapia

形态特征： 额头高。吻长。成熟雄鱼发展出鸭嘴状尖吻，头上部轮廓凹（较小个体头上部轮廓凸）。体呈灰褐色，鳞片边缘暗色，幼鱼体侧有 6～7 条黑色横带，成鱼不明显。体侧具 2～5 条暗深色垂直纵带，背部具更多系列横带。繁殖雄鱼体呈黑色，头下部呈白色；

背鳍和臀鳍具红色缘；尾鳍斑点，但不形成规则的垂直条纹。

地理分布及生活习性：原产于非洲。分布于中国广州各地。栖息于热带淡水水库、河流、溪流、水渠、沼泽和半咸淡水的中底层。杂食性。主要以藻类和浮游植物为食，也摄食浮游动物、小昆虫及其幼虫、虾、蚯蚓和水生植物。繁殖力强，在淡水、半咸淡水和海水中均能生长和繁殖。

IUCN 评估等级：近危（Near Threatened，NT）。

物种保护等级：外来种，有经济价值。

图片提供人：邓利、李荔

160. 尼罗口孵非鲫 *Oreochromis niloticus*（Linnaeus，1758）

地方名：罗非鱼

英文名：Nile tilapia

形态特征：体高而侧扁，头的前部稍隆起。口大，端位。上下颌密生小齿。背鳍颇长，其前段具有16～17根硬棘，后段有12～13根软鳍条。体色灰暗，上部较深，下部较淡。体侧有8～10条隐约可见的淡黑色纵走带纹。尾鳍上有较明显的垂直条纹。侧线不连续，分上下两条，上条由鳃盖后上缘向后延伸至背鳍基部后端，下条至胸鳍附近，沿体中央向后伸至尾柄。

地理分布及生活习性：分布于北江、东江、珠江三角洲、韩江及粤西流域。杂食性鱼类。居于水体中下层。食性广，有很强的耐低氧能力，但耐寒力差。

IUCN 评估等级： 未予评估（Not Evaluated，NE）。

物种保护等级： 外来种，有经济价值。

标本采集地： 东江干流河源江段、东莞江段。

图片提供人：邓利、赵会宏

F32 鰧科 Callionymidae

161. 海氏鰧 *Callionymus hindsii* Richardson，1844

英文名： Hinds' dragonet

同物异名： *Callionymus hindsi* Richardson

形态特征： 体型向后渐细尖，尾柄较长。头平扁，背视长三角形。口近上位，突出，能伸出。吻颇长，吻长大于眼径。眼较大，椭圆形，在头背侧的前半部。鼻孔每侧两个，位于眼前方，前鼻孔较大，圆形。鳃4个，假鳃发达，鳃耙短。侧线发达，上侧位。两个背鳍相距较远。胸鳍基部宽大，略呈斜方形。腹鳍较胸鳍长。尾鳍圆形，无长丝状鳍条。头及身体沙黄色，背部及体侧有很多小褐点。

地理分布及生活习性： 分布于广东各河口咸淡水区域。暖水性底层小型鱼类。栖息于河口咸淡水区域，也能进入江河下游淡水水体中。

IUCN 评估等级： 未予评估（Not Evaluated，NE）。

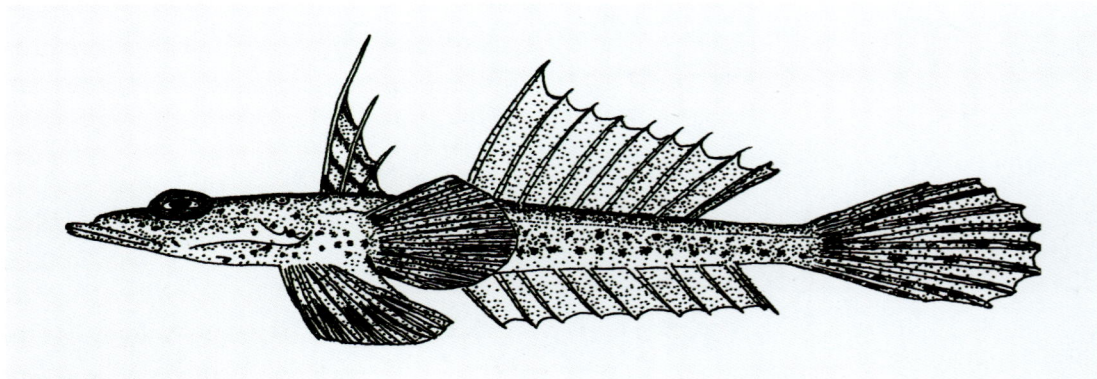

图片提供人：石月莹（依《广东淡水鱼类志》绘）

162. 香鰧 *Callionymus olidus* Günther，1873

地方名： 香斜棘、老鼠

英文名： Chinese darter dragonet

同物异名： *Repomucenus olidus*（Günther，1873）

形态特征： 体略呈卵圆形，向后渐细尖，尾柄细长。头背视三角形。口近前位。吻短而尖突。眼较小，卵圆形，在头的前半部，眼间隔窄，微凹入。鼻孔每侧两个，在眼前方，前鼻孔较大，圆形。鳃4个，假鳃发达，鳃耙短小。侧线发达，上侧位。背鳍2个，相距颇远。胸鳍宽大，略呈斜方形。腹鳍较胸鳍长。尾鳍圆形，鳍长大于头长。体黄棕色，微绿，密布暗色细纹，背部有时隐约可见5～6个暗色横斑。胸鳍、腹鳍、尾鳍鳍条上有黑色小斑点。

地理分布及生活习性： 分布于广东各水系及河口咸淡水区域。暖水性底层小型鱼类。栖息于江河中下游淡水水体及咸淡水区域，也见于近岸浅水处。

IUCN 评估等级： 未予评估（Not Evaluated，NE）。

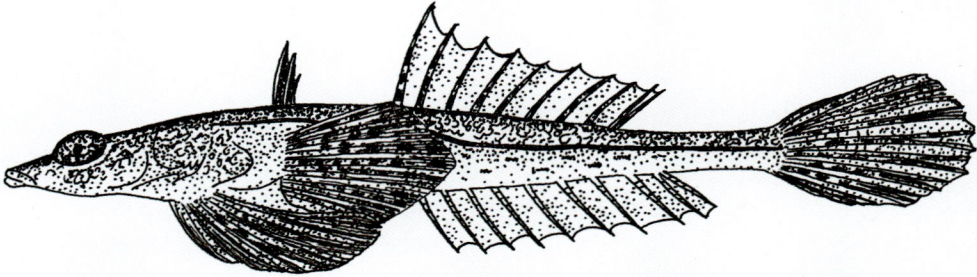

图片提供人：石月莹（依《广东淡水鱼类志》绘）

F33　沙塘鳢科 Odontobutidae

163．海丰沙塘鳢 *Odontobutis haifengensis* Chen，1985

形态特征： 体延长，粗壮，前部亚圆筒形，后部侧扁，尾柄较长。头宽大。吻尖长。眼

图片提供人：周行

小。鼻孔每侧两个，分离。体被栉鳞。无侧线。两个背鳍分离。胸鳍宽圆，扇形。腹鳍不愈合成吸盘。尾鳍圆形。

地理分布及生活习性：分布于广东龙津河水系及东江水系。小型底层鱼类。生活于河川及溪流的底层，喜栖息于泥沙、杂草和碎石相混杂的浅水区。

IUCN 评估等级：未予评估（Not Evaluated，NE）。

物种保护等级：中国特有种，被列入《中国物种红色名录》。

标本采集地：秋香江、西枝江。

164．萨氏华黝鱼 *Sineleotris saccharae* Herre，1940

别名：侧扁细齿塘鳢（陈炜和郑慈英，1985）、侧扁黄黝鱼（潘炯华，1991）

形态特征：体颇侧扁。头中大，甚侧扁。吻尖突。眼小，眼间隔窄。口小。下颌微突。两颌具绒毛状牙带，腭膜表皮上散布若干微小皮齿。前鳃盖骨后缘光滑，无棘。体具较大栉鳞，头部及胸部被细小圆鳞。背鳍2个，接近。左右腹鳍相互靠近，不愈合成吸盘。体浅棕色，体侧有数条较狭暗色横带，眼前下方至口角上方有一暗纹。鳃盖骨后上角有一较大黑斑。

地理分布及生活习性：分布于广东韩江水系、龙津河水系、东江水系和漠阳江水系。暖水性

图片提供人：周行

淡水小型底栖鱼类。栖息于河川、小溪中。

易辨识特征：眼前下方至口角上方有一暗纹。鳃盖骨后上角有一较大黑斑。

IUCN 评估等级：未予评估（Not Evaluated，NE）。

物种保护等级：中国特有种。数量极少，属于稀有种类，已被列入《中国物种红色名录》（2004）。

F34 塘鳢科 Eleotridae

165．乌塘鳢 *Bostrychus sinensis* Lacépède，1801
别名：文鱼、中华乌塘鳢

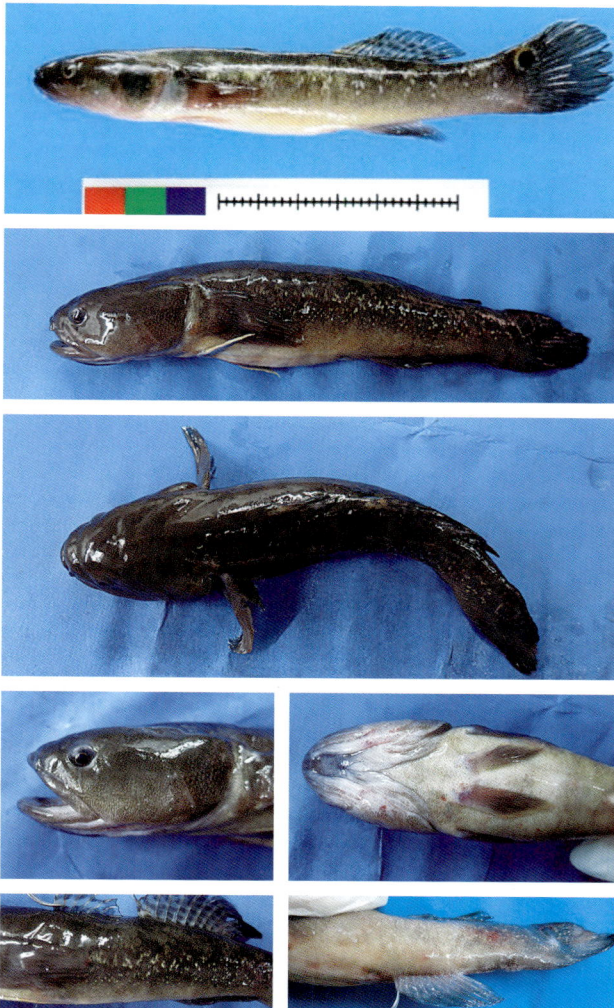

图片提供人：邓利、李荔、林中扶

英文名：Four-eyed sleeper

形态特征：体延长，粗壮。头宽大于头高。吻短钝。口大。头部及体被小圆鳞，无侧线。两个背鳍分离。胸鳍宽圆。腹鳍短。尾鳍长圆形。左右腹鳍相互靠近，不愈合成吸盘。尾鳍圆形。体褐色，背侧深色，腹部浅色。尾鳍基部上方具一带有白边的眼状大黑斑。

地理分布及生活习性：分布于中国东南沿海各江河中下游及河口。栖居于近海河口咸淡水区域，可进入淡水中。肉食性。摄食小鱼、蟹、虾和贝等。洞穴产卵，生殖期为4～9月。

易辨识特征：尾鳍基部上方具一带有白边的眼状大黑斑。

IUCN评估等级：无危（Least Concern，LC）。

标本采集地：东莞。

166. 黑体塘鳢 *Eleotris melanosoma*（Bleeker，1853）

英文名：Broadhead sleeper

同物异名：*Culius melanosoma*（Bleeker，1853）

形态特征：体由前向后渐侧扁，尾柄较高。头中等大，宽钝，前部甚平扁，头宽与头高几乎相等；后部侧扁。吻长大于眼径。眼中等大，在头的前半部。唇厚，前鼻孔有发达短管，靠近上唇，后鼻孔圆形，有鼻瓣，在眼的前上方。上颌骨后端伸达眼中部下方。鳃孔向头部腹面延伸至前鳃盖骨的下方或稍前处，前鳃盖骨后缘中部有一根指向下前方的小棘；颊部圆凸，宽，有假鳃。背鳍2个，相距较近，第一背鳍起点在胸鳍基部后上方，第三和第四鳍棘最长，第二背鳍较第一背鳍高，基部长，中部数鳍条较短。臀鳍起点在第二背鳍下方。胸鳍扇形，向后不伸达臀鳍起点。腹鳍小，起点在胸鳍基部下方。

地理分布及生活习性：分布于广东珠江水系和海南各河川。暖水性小型鱼类。栖息于淡水河川中，有时也进入河口。

IUCN评估等级：无危（Least Concern，LC）。

图片提供人：潘德博

167. 褐塘鳢 *Eleotris fusca*（Forster，1801）

英文名： Brown gudgeon

同物异名： *Poecilia fusca* Forster，1801

形态特征： 体前部近圆筒形，尾柄较长。头大，前部稍低，后部高而侧扁。吻平扁。眼中等大小，在头前半部，眼间隔稍宽，大于眼径。前鼻孔有短管，接近上唇，后鼻孔圆形，在眼前方。口前上位。下颌突出，长于上颌。上下颌齿排列稀疏。唇薄。鳃孔向头部腹面伸达眼下方，前鳃盖骨后缘中部有一根指向下前方的小棘。背鳍两个。胸鳍扇形，中侧位，稍长于眼后头长，向后不伸达臀鳍起点。腹鳍小，起点在胸鳍基部下方，内侧鳍条长于外侧鳍条。尾鳍长圆形。肛门与第二背鳍起点几乎相对。各鳍暗色，背鳍、臀鳍、尾鳍各有多条黑斑，胸鳍基部上方常有一褐斑，尾柄上方有时有一暗斑。

地理分布及生活习性： 分布于珠江水系。暖水性底层鱼类。栖息于淡水河川中，不进入咸淡水的河口区。

易辨识特征： 各鳍暗色，背鳍、臀鳍、尾鳍各有多条黑斑，胸鳍基部上方常有一褐斑，尾柄上方有时有一暗斑。

IUCN 评估等级： 无危（Least Concern，LC）。

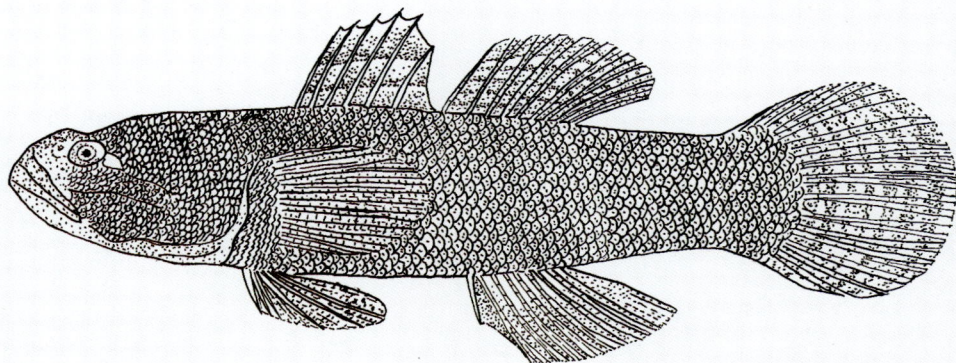

图片提供人：刘全儒（依《广东淡水鱼类志》绘）

168. 尖头塘鳢 *Eleotris oxycephala* Temminck & Schlegel，1845

别名： 锐头塘鳢

地方名： 竹壳、黑淋哥、黑笋壳

图片提供人：邓利、赵会宏、梁浩明

形态特征： 体较细长，前部呈圆柱形，向后渐侧扁。头宽钝，平扁。口近端位。除吻部外，全体及头部均被较大鳞片。背鳍 2 个。胸鳍大，长圆形。腹鳍胸位，左右分离。尾鳍圆形。体棕褐色，腹面褐色或较淡，头侧有 2 条黑色纵条纹。

地理分布及生活习性： 分布于中国东南沿海各江河中下游及河口。栖居于河口及淡水的底层。以沼虾和小鱼为食。生殖期为 7~9 月，亲鱼有护卵习性。

IUCN 评估等级： 无危（Least Concern，LC）。

标本采集地： 增江。

F35 虾虎鱼科 Gobiidae

169. 粘皮鲻虾虎鱼 *Mugilogobius myxodermus*（Herre，1935）

同物异名： *Ctenogobius myxodermus* Herre，1935

形态特征： 体粗壮，前部略呈圆筒形，后部侧扁。头宽大，稍平扁。吻宽圆。眼中大，上侧位。前鼻孔短管状，垂覆于上唇。口中大，前位。舌前端近截形。体被弱栉鳞；鳃盖上

图片提供人：潘德博、钟煜

半部被圆鳞，颊部裸露无鳞。背鳍2个，第一背鳍各鳍棘柔软，末端稍延长。左右腹鳍愈合成一个长形吸盘。头、体浅棕色。头部有棕褐色虫状纹及斑点，体侧上部有不规则小斑点。第一背鳍后部近基底处有一大黑斑。

地理分布及生活习性： 分布于长江、瓯江、九龙江及珠江水系。无食用价值。底层小型鱼类。生活于江、河、溪流、河沟及池塘中。

IUCN 评估等级： 未予评估（Not Evaluated，NE）。

170．斑尾刺虾虎鱼 *Acanthogobius ommaturus*（Richardson，1845）

别名： 矛尾复虾虎鱼（朱元鼎等，1963）、斑尾复虾虎鱼（朱元鼎等，1963）、长身鲨（邵广昭等，1991）

英文名： Asian freshwater goby

说明： Fishbase 将 *Synechogobius ommaturus*（Richardson，1845）定为有效学名。《中国动物志　硬骨鱼纲　鲈形目（五）　虾虎鱼亚目》将 *Acanthogobius ommaturus*（Richardson，1845）定为有效名。两个学名不同，但分类地位不变。

形态特征： 体延长，前部亚圆筒形，后部侧扁，尾柄粗短。头粗大，稍平扁。吻较长，圆钝。眼小，上侧位。口较大，前下位。上颌稍长于下颌。下颌颏部具一长方形皮突，后缘稍凹入，略呈丝状，有时不显著。体被圆鳞及栉鳞，颊部及鳃盖下部被鳞。背鳍2个，分离。左右腹鳍愈合成一吸盘。尾鳍尖圆，短于头长。头、体灰黑色，第二背鳍常具黑色条纹3～5纵行。

地理分布及生活习性： 分布于中国沿海；印度尼西亚沿海有分布。暖温性近岸较大型虾虎鱼类。栖息于沿海、河口咸淡水及下游淡水水域。喜底质为淤泥或泥沙的海域。多穴居。摄食底栖甲壳类及幼鱼。每年4～6月为产卵期。

IUCN 评估等级： 未予评估（Not Evaluated，NE）。

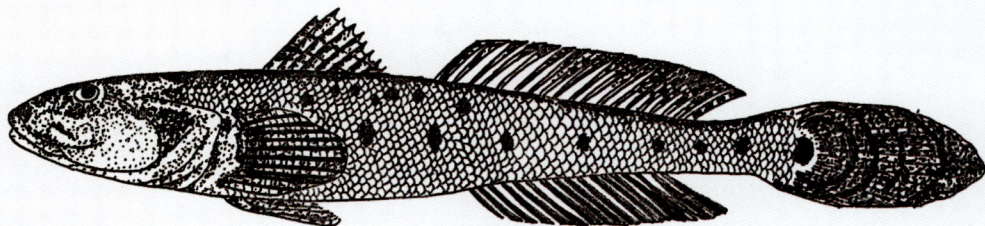

图片提供人：石月莹［依《中国动物志　硬骨鱼纲　鲈形目（五）　虾虎鱼亚目》绘］

171. 矛尾虾虎鱼 *Chaeturichthys stigmatias* Richardson，1844

别名： 尖尾虾虎鱼（张春霖等，1955）、矛尾鱼（郑葆珊见《南海鱼类志》，1962）、矛尾虾虎鱼（朱元鼎等，1963）

英文名： Branded goby

形态特征： 体颇延长，前部亚圆筒形，后部侧扁，渐细。头大，长而稍扁。吻中长，圆钝。眼小，上侧位，眼间隔宽。口宽大，前位，斜裂。下颌稍突出。牙细尖，两颌各具牙2行。颏部常具短小触须3对。体被圆鳞，后部鳞较大；颊部、鳃盖及项部均被细小圆

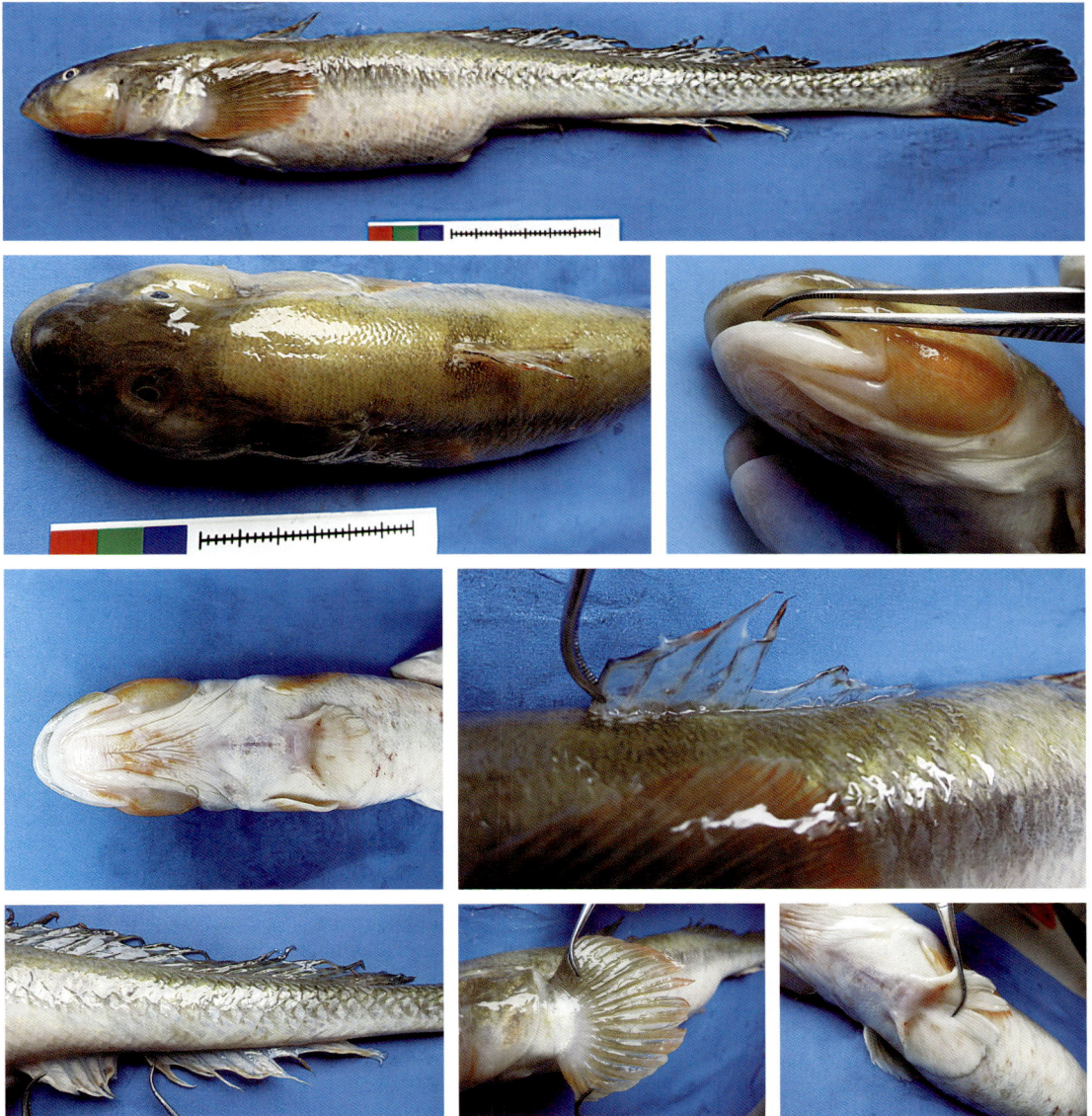

图片提供人：邓利

鳞，项部鳞片伸达眼后缘。背鳍2个，分离，第二背鳍基部长。胸鳍宽圆，肩带内缘具3较小舌形肉质乳突。左右腹鳍愈合成一吸盘。尾鳍尖长，大于头长。体黄褐色，体背具不规则暗色斑块。第一背鳍的第五至第八鳍棘间具一大黑斑，第二背鳍和尾鳍均具褐色斑纹。

地理分布及生活习性： 分布于广东各河口咸淡水区域。暖温性大型鱼类。栖息于近岸及河口区。

IUCN 评估等级： 未予评估（Not Evaluated，NE）。

标本采集地： 东莞。

172．舌虾虎鱼 *Glossogobius giuris*（Hamilton，1822）

别名： 叉舌虾虎鱼（沈世杰，1984）、叉舌鲨（陈兼善和于名振，1986）

图片提供人：李荔、林中扶、邓利

英文名： Tank goby

形态特征： 身体延长，前部呈圆筒形，尾柄长侧扁。头尖大略平扁，头背平，微隆凸。吻长尖突。眼小，位背侧，微突出于头背。鼻孔两对而相接近，前鼻孔短管状，后鼻孔较小，圆形，边缘隆起，紧邻眼前方。口大，前位，向下斜裂。下颌稍长，上下颌具多行绒毛状尖细齿，排成带状，外行和下颌内行齿较大。唇厚。舌游离，前端分叉。鳃孔大，颊部窄，具假鳃。身体灰褐色至浅灰绿色，背部色较深，腹部浅色，体侧具4~5个云状黑纵纹，头侧从唇下方穿过眼部至项部具一黑纵纹。体被栉鳞，胸和腹部被圆鳞，头仅鳃盖上方与项部有鳞，无侧线。第一和第二背鳍分离，第一背鳍后方具一暗斑，第二背鳍及尾鳍浅褐色，具多列节状黑斑，腹鳍愈成吸盘。雌雄性征及婚姻色均显著，雄性体色浓暗，头大唇厚，第二背鳍及臀鳍后方延长，雌鱼头较小，腹部偏白。

地理分布及生活习性： 在中国主要分布于南海和东海。广盐性。于砂质沙泥底的河口及红树林咸淡水至淡水域的石块或朽木下穴栖。

IUCN 评估等级： 无危（Least Concern，LC）。

标本采集地： 东莞。

173．斑纹舌虾虎鱼 *Glossogobius olivaceus*（Temminck & Schlegel，1845）

别名： 项斑舌虾虎鱼（郑葆珊，1981）、背斑叉舌虾虎鱼（沈世杰，1984）、背斑叉舌鲨（陈兼善和于名振，1986）、点带叉舌鲨（邵广昭等，1991）、斑带叉舌鲨（Yu，1996）、点带叉舌虾虎（陈义雄和方力行，1999）

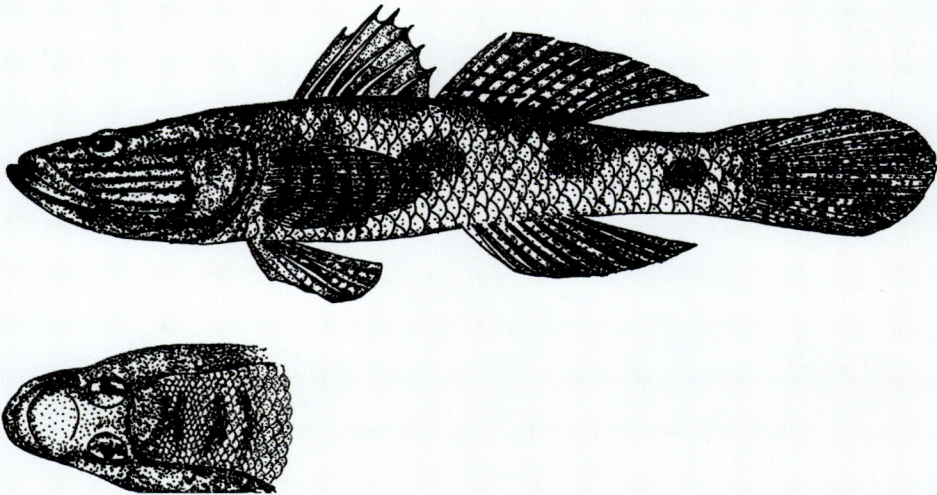

图片提供人：石月莹［依《中国动物志 硬骨鱼纲 鲈形目（五） 虾虎鱼亚目》绘］

形态特征: 体延长,侧扁。头大,圆钝,平扁。眼中大。口大。下颌长于上颌。舌前端游离,分叉。左右鳃盖膜与颊部相连,不愈合为皮褶。体被中大栉鳞。眼后方及鳃盖上部被小鳞,余均裸露。背鳍2个,第一背鳍高,基部短,起点在胸鳍基部后上方,第二鳍棘最长(有时呈丝状)。左右腹鳍愈合为一吸盘。头、体棕黄色。体侧中部有4~5个大黑斑,背侧有4~5条灰色宽阔横斑。眼后项部有4群小黑斑,列成2横行。背部在背鳍前方附近有2横行黑点。尾柄基部有一个三角形的黑斑。

地理分布及生活习性: 分布于广东沿海各河口咸淡水水域及下游江河淡水水体中,也见于海南各河口,也分布于钱塘江水系、珠江水系。暖水性底层小型鱼类。栖息于河口咸淡水及江河下游淡水中,也见于近岸滩涂处。摄食虾类和幼鱼。

IUCN 评估等级: 无危(Least Concern,LC)。

174. 小鳞沟虾虎鱼 *Oxyurichthys microlepis*(Bleeker,1849)

别名: 小鳞尖尾鱼(郑葆珊见《南海鱼类志》,1962)、鬃颌鲨(陈兼善和于名振,1986)、小鳞颌鲨(Yu,1996)

英文名: Maned goby

形态特征: 体延长,侧扁。头中大,侧扁。吻宽短,圆钝。眼大,上侧位,前鼻孔小,有短皮瓣,无短管,接近上唇;后鼻孔三角形,在眼前方的吻部两侧。口大,前上位。下颌突出。眼后正中及前鳃盖上缘均具一凹洼。鳃孔窄。头及体前部被小圆鳞,后部被较大弱栉鳞。背中线处无鳞,具一低小皮崎突起。背鳍2个,相距颇近,第一背鳍各棘柔软,细长,最后鳍棘压倒后伸越第二背鳍起点;第二背鳍基底长。左右腹鳍愈合成一尖长吸盘。尾鳍尖长,约为头长的1.5倍。体淡黄褐色,体侧具暗色横带5条。眼下方具一暗斑,胸鳍基常具一暗斑。

地理分布及生活习性: 分布于福建、台湾、广东沿海。暖水性近岸小型鱼类。栖息于沿海浅水滩涂处,亦进入河口区。无食用价值。

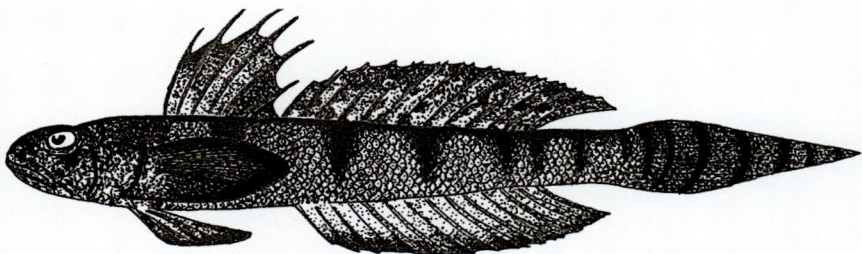

图片提供人:石月莹〔依《中国动物志 硬骨鱼纲 鲈形目(五) 虾虎鱼亚目》绘〕

IUCN 评估等级： 未予评估（Not Evaluated，NE）。

175．李氏吻虾虎鱼 *Rhinogobius leavelli*（Herre，1935)

同物异名： *Ctenogobius leavelli* Herre，1935

形态特征： 体前部近圆筒形，后部侧扁，尾柄较长。头稍平扁，鼻孔每侧 2 个，分离。吻部明显向前突出。背鳍发红。背鳍 2 个，分离，胸鳍基部宽，腹鳍胸位，左右腹鳍愈合成吸盘，尾鳍圆形。颊部无虫状纹或斜纹，第 1 背鳍 1、2 鳍棘之间的鳍膜下部有 1 个黑斑。眼前至吻背前端具 1～2 橘色斜纹。纵列鳞 28～29 枚。体侧具 3～5 个黑褐色斑块。身体斑节明显。头部腹面有红纹，鳍基部为红黑色。

地理分布及生活习性： 分布于钱塘江以南各水系。个体小。暖水性小型底层鱼类。喜栖息于淡水河中。

IUCN 评估等级： 无危（Least Concern，LC）。

图片提供人：钟煜

176．溪吻虾虎鱼 *Rhinogobius duospilus*（Herre，1935）

别名： 伍氏栉虾虎鱼（李思忠，1981）、溪栉虾虎鱼（郑葆珊，1981）

地方名： 溪虾虎鱼

形态特征： 体延长，前部亚圆筒形，后部侧扁，尾柄较长。头中大，稍平扁。吻尖突，大于眼径。眼中大，上侧位。口中大，前位，斜裂。舌宽大，前端游离。体被中大栉鳞。腹部具有小圆鳞。无侧线。背鳍 2 个，分离。体侧部具 6 个暗色斑块，列成一纵行。最后斑块在尾鳍基底中部。

地理分布及生活习性： 分布于广东珠江、海南昌化江、香港等南方各淡水河川。暖水性底层小型鱼类。

IUCN 评估等级： 未予评估（Not Evaluated，NE）。

物种保护等级： 华南特有种。

177. 子陵吻虾虎鱼 *Rhinogobius giurinus*（Rutter，1897）

别名：栉虾虎鱼（朱元鼎和伍汉霖，1965）、吻虾虎鱼（李思忠，1965）、普栉虾虎鱼（郑葆珊，1981）、极乐吻虾虎（沈世杰，1984）、子陵栉虾虎鱼（伍汉霖见《福建鱼类志》，1985）

地方名：朝天眼、狗甘仔、苦甘仔

形态特征：体小，长筒型。头宽大。吻圆钝。口前位。眼大。颊部具数条由上方斜向头前下方的暗色细条纹。体被栉鳞；项部有小鳞，吻部、颊部、头部腹面及鳃盖均无鳞。无侧线。背鳍2个。第一背鳍起点在胸鳍基部后上方，鳍棘短小；第二背鳍较高，最后鳍条较长。臀鳍起点在第二背鳍及第二及第三鳍条下方。胸鳍基部宽，长圆形，具小黑点。腹鳍胸位。尾鳍圆形。体侧中央具一列不规则的圆形斑块，体青灰色，腹部色淡。

地理分布及生活习性：产于中国除西北、青藏、云贵高原以外的各大水系的江、河、湖泊。河海洄游性鱼类，也可在完全封闭的水系中繁衍。生活于温带和热带地区，属底栖鱼类。性凶猛，攻击性强。肉食性。以小型底栖无脊椎动物为主。

IUCN 评估等级：无危（Least Concern，LC）。

标本采集地：东江干流东莞江段。

图片提供人：邓利、赵会宏

178．髭缟虾虎鱼 *Tridentiger barbatus*（Günther，1861）

别名：钟馗虾虎鱼（张春霖等，1955）、小鳞钟馗虾虎鱼（朱元鼎和伍汉霖，1965）、髭虾虎

图片提供人：潘德博、石月莹［依《中国动物志　硬骨鱼纲　鲈形目（五）　虾虎鱼亚目》绘］

鱼（郑葆珊见《南海鱼类志》，1962）、钟馗缟鰕（Yu，1996）

英文名： Shokihaze goby

同物异名： *Triaenopogon barbatus*（Günther，1861）

形态特征： 体侧扁。头大，平扁。头部有许多触须，穗状排列。吻缘有须一行，下颌腹面有须2行。眼后至鳃盖上方有2群小须。吻前端广弧形。眼小。口大，前位。两颌外行牙均为三叉型。头部无鳞，体被栉鳞。背鳍2个，相距稍远。左右腹鳍愈合成一圆形吸盘。头、体黄棕色，微带灰色，体背侧有5条不规则灰黑色横纹。背鳍和尾鳍棕色，有许多灰黑色条纹；胸鳍橘色，有若干黑条纹，基部浅黄色，有一黑斑；腹鳍灰白色。

地理分布及生活习性： 分布于广东沿海各河口及咸淡水区域。暖温性近海底层小型鱼类。栖息于河口咸淡水水域，也进入江河下游淡水水域中生活。

IUCN评估等级： 未予评估（Not Evaluated，NE）。

179．纹缟鰕虎鱼 *Tridentiger trigonocephalus*（Gill，1859）

别名： 条纹三叉鰕虎鱼（郑葆珊见《南海鱼类志》，1962）、缟鰕虎（Yu，1996）

英文名： Chameleon goby

形态特征： 体延长，粗壮，体长为体高的3.8～5.2倍；体前部圆筒形，后部侧扁。头平扁。颊部肌肉发达，隆突。吻短钝。眼小或中大。口大，前位。两颌各有牙2行，外行牙三叉型，内行牙简单，细尖。犁骨、腭骨均无牙。体被栉鳞，头部无鳞。背鳍2个，相距较近。左右腹鳍愈合成一吸盘。头、体灰褐色，体侧常有1～2条黑褐色纵带及数条不规则横带。背鳍、尾鳍灰黑色，具许多小白点；胸鳍灰色，基部白色微黄，中间有一黑斑。

地理分布及生活习性： 分布于中国黄海、东海、南海及台湾海峡等水域。暖温性底层小型鱼类。生活于河口咸淡水水域及近岸浅水处。退潮后常栖息于海滩上残存的水洼及岩石间隙的水中，也进入江河下游淡水区甚至在水库及河流上游的小溪中生活。摄食体型较小的仔鱼、钩虾、枝角类及其他水生昆虫。

图片提供人：张源烘

IUCN 评估等级：未予评估（Not Evaluated，NE）。
标本采集地：东莞。

180．绿斑细棘虾虎鱼 *Acentrogobius chlorostigmatoides*（Bleeker，1849）
英文名：Greenspot goby
形态特征：体延长，前部亚圆筒形，较粗壮，后部甚侧扁。头颇大，侧扁。吻短而圆钝。眼较小，上侧位。口大，前位，斜裂。下颌稍突出。鳃孔中大，侧位。体被中大栉鳞，头

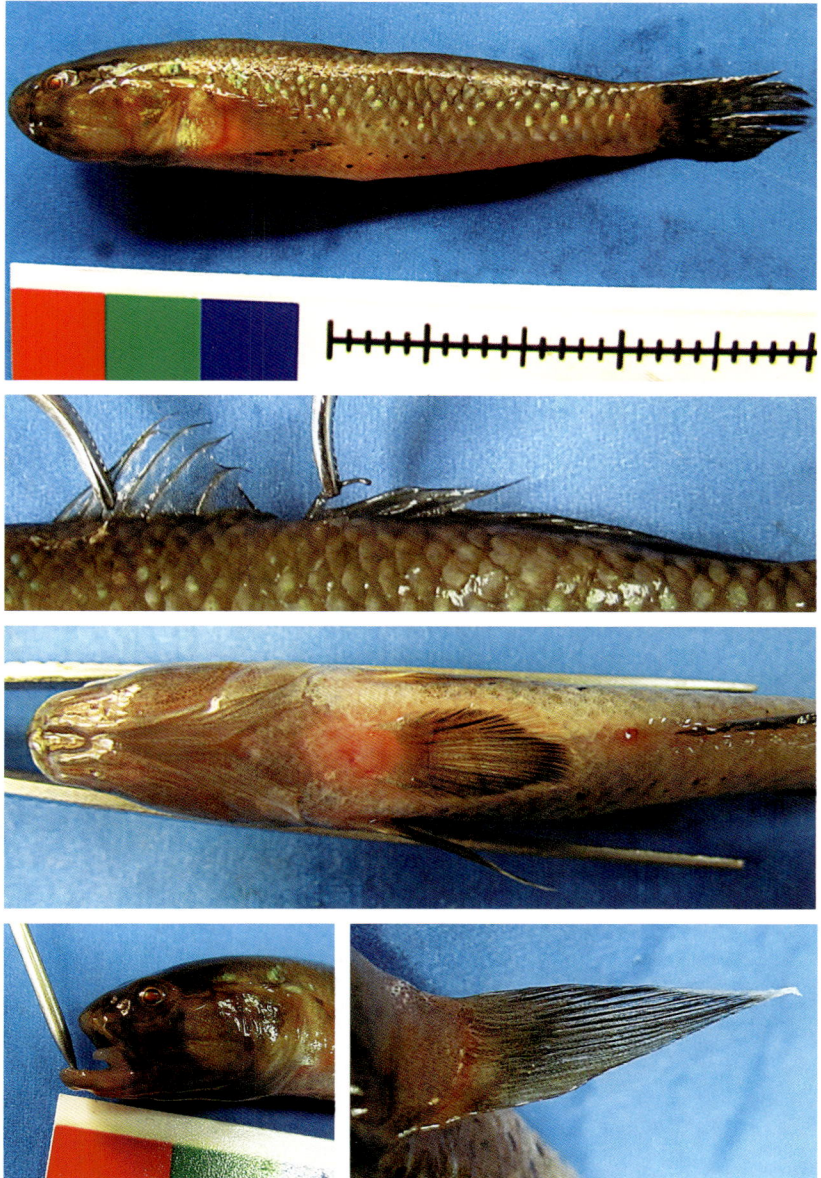

图片提供人：邓利、赵会宏

顶、项部及鳃盖骨上部被小圆鳞，颊部无鳞。背鳍 2 个，分离。左右腹鳍愈合成一圆形吸盘。体褐色。体侧鳞片具淡色小点，腹侧的 3～4 行鳞片各具一暗斑。鳃盖后上方肩胛部具一浅蓝色小斑。尾鳍基部具一大暗斑。

地理分布及生活习性： 分布于中国福建、广东、广西沿海；印度尼西亚、泰国有分布。喜欢生活在底质为砂土、砾石、水质清亮而含氧丰富的池塘、湖泊、小河流的浅水区及山涧小溪中。

IUCN 评估等级： 未予评估（Not Evaluated，NE）。

181．犬牙细棘虾虎鱼 *Acentrogobius caninus*（Valenciennes，1837）

英文名： Tropical sand goby

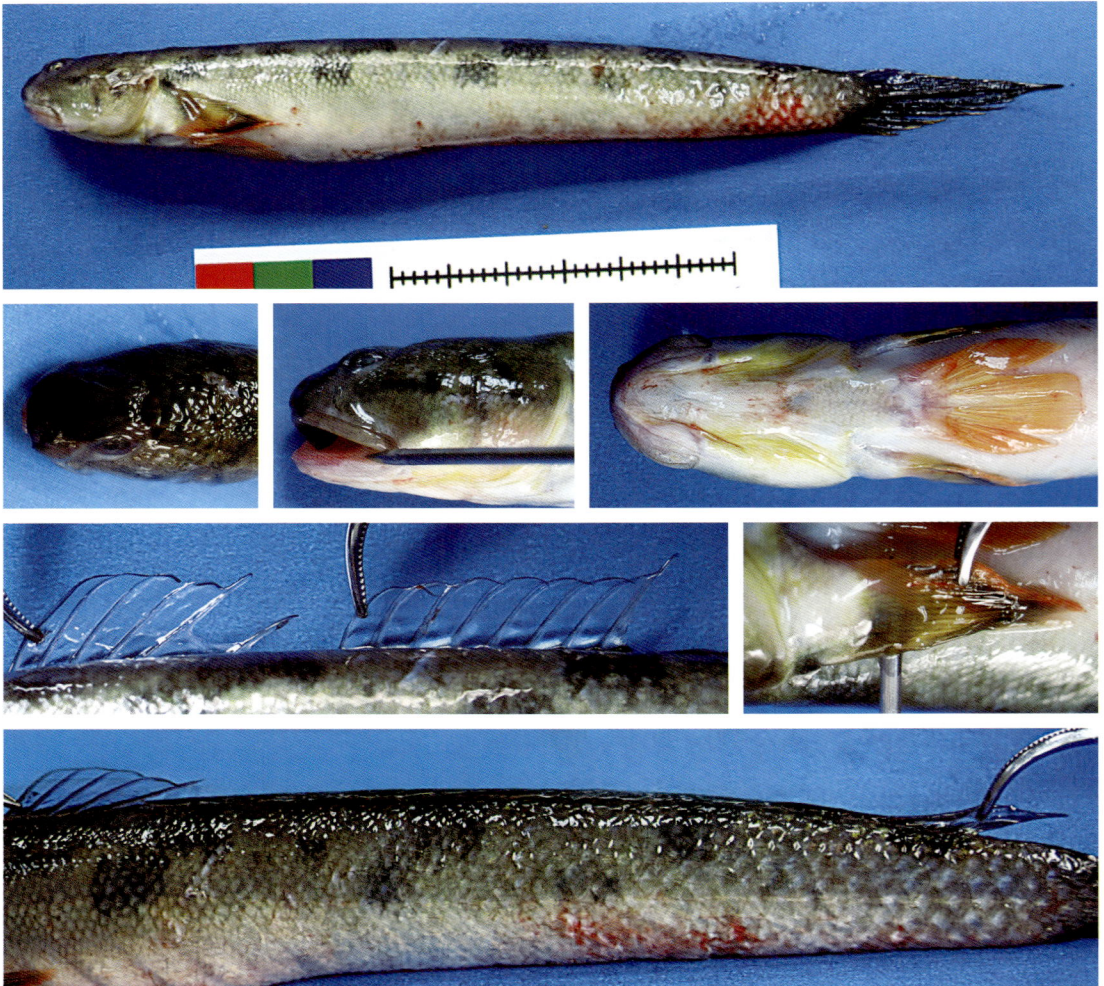

图片提供人：邓利、赵会宏

形态特征： 头稍宽扁。吻短而圆钝，吻长约与眼径相等。眼中大，上侧位。鼻孔两个，前鼻孔具一短管，后鼻孔小，圆形。口端位，较小，斜裂。下颌略突出，上颌骨后延达眼前缘下方。唇厚，口腔白色。牙小，尖形，上颌牙数行，外行牙扩大；下颌外行牙扩大，仅分布于前端 1/2 处，最后 2 牙为犬牙；犁骨、腭骨及舌上均无牙。舌游离，前端截形。体被栉鳞。头部除头顶及鳃盖骨上部被小圆鳞外，余均无鳞。胸部及腹部均被圆鳞。背鳍 2 个，第一背鳍具 6 鳍棘，始于胸鳍基底后上方，平放时不伸达第二背鳍起点；第二背鳍基底长，具 10 鳍条，平放时不伸达尾基。臀鳍具 10 鳍条，始于第二背鳍第 3～第 4 鳍条的下方，后端不伸达尾基。胸鳍稍尖，略大于吻后头长。腹鳍圆形，愈合成一吸盘。尾鳍圆形，约等于头长。体侧具 5 个黑斑，背面具 4 个黑色横斑。眼后方至第一背鳍起点间有 2 横带。胸鳍基底上方有一黑色圆斑；背鳍、尾鳍及臀鳍灰黑色，具暗色条纹；胸鳍、腹鳍灰色。

地理分布及生活习性： 分布于中国南海和东海；印度、马来西亚、菲律宾、印度尼西亚、朝鲜、日本有分布。在海岸带、河口与港湾中生存，通常发现于半咸淡的潮汐水域。摄食无脊椎动物。

IUCN 评估等级： 未予评估（Not Evaluated，NE）。

182．犬齿背眼虾虎鱼 *Oxuderces dentatus* Eydoux & Souleyet，1850

别名： 中华犬齿虾虎鱼（朱元鼎和伍汉霖，1965）、中华尖牙虾虎鱼（郑葆珊见《南海鱼类志》，1962）、中华钝牙虾虎鱼（伍汉霖见《福建鱼类志》，1985）、中华尖赤虾虎鱼（罗云林，1989）

地方名： 海狗鱼

英文名： Goby

同物异名： *Apocryptichthys sericus*（Herre，1927）

形态特征： 体前部亚圆筒形，后部侧扁。头宽大，略呈平扁状。吻宽短。眼小，上侧位。

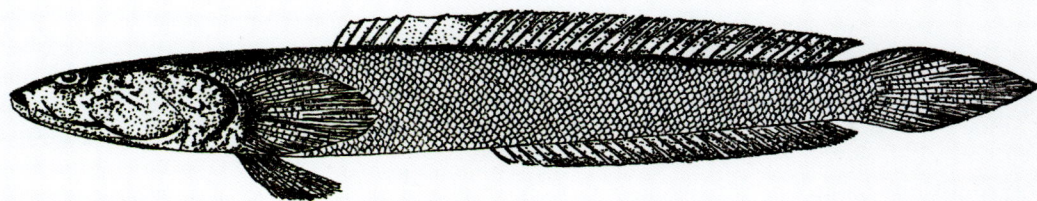

图片提供人：石月莹［依《中国动物志 硬骨鱼纲 鲈形目（五）虾虎鱼亚目》绘］

口宽大，前位。下颌稍长于上颌。两颌各有牙一行，上颌牙直立状，前部具大犬牙；下颌牙钝，平截不分叉，缝合部牙稍大，无犬牙。体被小圆鳞，颊部与鳃盖具鳞，多埋于皮下。两背鳍以鳍膜连接为一体，鳍条部基底颇长。左右腹鳍愈合成心形吸盘。头、体灰蓝色，背鳍最后 3 根鳍条末端黑色，形成一小黑斑。胸鳍基部及尾鳍黑色。

地理分布及生活习性： 分布于福建、台湾、广东和广西沿岸。暖水性近岸小型鱼类。栖息于河口咸淡水域及滩涂，常匍匐或跳跃于泥滩上。摄食无脊椎动物。

IUCN 评估等级： 未予评估（Not Evaluated，NE）。

183．蜥形副平牙虾虎鱼 *Parapocryptes serperaster*（Richardson，1846）

别名： 蜥形犬牙虾虎鱼（朱元鼎和伍汉霖，1965）、蜥形副平齿虾虎鱼（罗云林，1989）、蜥形弹涂鱼（Yu，1996）

形态特征： 体延长，前部亚圆筒形，后部侧扁。头中大，圆钝，前部稍平扁。吻短而圆钝。眼小，上侧位。口大，前位。两颌约等长。两颌牙各一行，上颌前方牙犬牙状，下颌牙前端尖锐，平卧，缝合部后端具犬牙一对。体被圆鳞，眼后头顶、前鳃盖骨及鳃盖骨被细鳞。背鳍 2 个，分离。第二背鳍及臀鳍基部长。左右腹鳍愈合成一心形吸盘。头、体浅棕色，项部及背侧隐约可见马鞍状斑块 6 个，体侧隐约可见暗色斑块 4～5 个。

地理分布及生活习性： 分布于福建、广东和海南沿岸。热带、亚热带暖水性沿岸小型鱼类，为经济价值较高的虾虎鱼类。栖息于河口咸淡水及近岸滩涂处，也生活于江河下游淡水水体中。

IUCN 评估等级： 未予评估（Not Evaluated，NE）。

图片提供人：潘德博

184．大弹涂鱼 *Boleophthalmus pectinirostris*（Linnaeus，1758）

地方名： 跳鱼、泥猴

英文名： Great blue spotted mudskipper

形态特征： 体延长，侧扁。头大，近圆筒形。口大略斜。体被小圆鳞。无侧线。胸鳍基部宽大。腹鳍愈合成吸盘。背鳍 2 个。尾鳍楔形、宽大。鱼体灰褐色，散布不规则白斑点、黑斑及蓝色亮斑，并具 5～6 条向前斜下的黑褐色横纹。背鳍和尾鳍上有蓝色小圆点。腹部灰色。

地理分布及生活习性： 分布于中国南海及东海，广东主要分布于珠江口、雷州湾等地。暖温性沿岸分布的小型鱼类。栖息于河口咸淡水水域，近岸滩涂处或底质烂泥的低潮区，对恶劣环境的水质耐受力强。广盐性，喜穴居，洞穴一般为"Y"字形，由孔道、正孔口和

图片提供人：李荔、林中扶、邓利

后孔口构成。正孔口用于进出，后孔口用于换气。依靠胸鳍和尾鳍在水面、沙滩、岩石上爬行或跳跃。匍匐于泥滩上觅食硅藻、蓝绿藻，也食少量桡足类及有机质。

易辨识特征： 腹鳍愈合成吸盘。背鳍 2 个。尾鳍楔形，宽大。鱼体散布不规则白斑点、黑斑及蓝色亮斑，并具 5～6 条向前斜下的黑褐色横纹。

IUCN 评估等级： 未予评估（Not Evaluated，NE）。

标本采集地： 东莞。

185. 弹涂鱼 *Periophthalmus modestus* Cantor，1842

地方名： 泥猴、石贴仔、跳鱼

图片提供人：邓利、林中扶

英文名： Shuttles hoppfish

形态特征： 体延长略呈圆柱状，侧扁，背缘平直，尾柄较长。头大，稍侧扁。吻短而钝，吻皮向下覆盖上唇，与上唇分离。眼位于头的前半部，眼大而突出于头顶，眼间甚窄，为一凹沟。鼻孔每侧两个，分离。鳞细小，圆鳞，体侧后部鳞片较前部为大，头部及胸鳍基部均被鳞。腹鳍愈合成吸盘。体灰褐色，背部颜色较深且具小黑点，体侧具4～5条模糊的灰黑色宽横带，腹部灰白色。尾鳍圆形。

地理分布及生活习性： 分布广，我国沿海均有分布，在广州分布于珠江口。近岸暖温性底层鱼类。喜栖息于底质为淤泥、泥沙的高潮区或半咸水的河口滩涂，也分布于沿海岛屿及港湾。

易辨识特征： 眼大而突出于头顶，眼间为一凹沟。体侧具4～5条模糊的灰黑色宽横带，喜栖息于底质为淤泥、泥沙的河口滩涂。

IUCN 评估等级： 未予评估（Not Evaluated，NE）。

标本采集地： 东莞。

186. 青弹涂鱼 *Scartelaos histophorus*（Valenciennes，1837）

地方名： 长腰海狗

英文名： Walking goby

形态特征： 体延长，亚圆筒形，稍侧扁。头大或中大。吻圆钝，吻褶发达。鳞小，或呈退化状。无侧线。背鳍两个，分离。胸鳍具一肌柄，用作陆上行动器官。左右腹鳍愈合成一吸盘。尾鳍尖圆形，下方鳍条较短。体蓝灰色，腹部较浅色。体侧常有5～7条黑色狭横带，头背和体上部具黑色小点。臀鳍、胸鳍和腹鳍浅色。胸鳍鳍条和基部具蓝点。尾鳍上具4～5条暗蓝色点横纹。

地理分布及生活习性： 分布于广东各河口咸淡水水域。近岸暖水性鱼类。多栖息于海水及半咸水中，常匍匐于河口滩涂上。以摄食浮游动物及小型底栖无脊椎动物为食。

IUCN 评估等级： 未予评估（Not Evaluated，NE）。

标本采集地： 东莞。

图片提供人：赵会宏

187. 拉氏狼牙虾虎鱼 *Odontamblyopus lacepedii*（Temminck & Schlegel，1845）

别名： 红狼牙虾虎鱼（朱元鼎等，1963）、盲条鱼（沈世杰，1993）、红尾虾虎（Yu，1996）

地方名： 红亮鱼、红鼻条、麻皮头

形态特征： 体延长而侧扁，呈带状。眼小，退化，埋于皮下。口大，斜形。下颌连合部内侧有粗壮的犬牙一对。外行齿每侧4～6个，排列稀疏，突出唇外；内行齿细尖，1～2行。舌前端圆形。鳃孔中等大。无侧线。背鳍起点在胸鳍基部上方；鳍棘细弱，第6与第5鳍棘和第1鳍条之间均有稍大的距离；鳍条部较高，背鳍、尾鳍、臀鳍互相连接为一整体。胸鳍宽且长，上部鳍条游离呈丝状，体裸露无鳞。全体紫色。胸鳍、腹鳍有时具黑褐色边缘。

地理分布及生活习性： 分布于华南沿海、珠江三角洲河口。近岸暖温性底栖鱼类。常栖息于底质为泥沙或泥、水深2～20m的浅海区，穴居于泥层中。

IUCN评估等级： 未予评估（Not Evaluated，NE）。

标本采集地： 东莞。

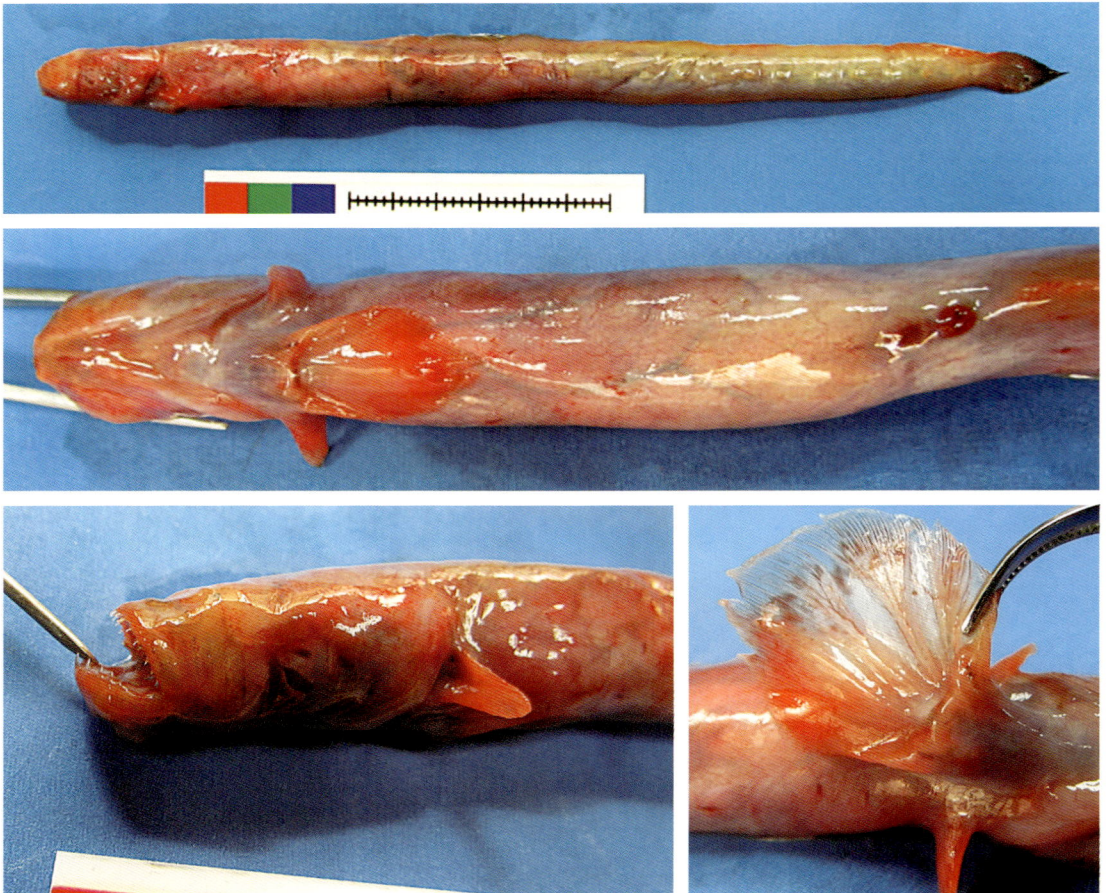

图片提供人：邓利

188．鳗形鳗虾虎鱼 *Taenioides anguillaris*（Linnaeus，1758）

别名： 盲泥鲨（Kimura，1935）、鳗形灰盲条鱼（沈世杰，1993）、鳗形盲条鱼（Yu，1996）

英文名： Eel worm goby

形态特征： 体延长，前部亚圆筒形，后部侧扁，鳗形。头宽，头长大于腹鳍基部后缘至肛门距离，具多行感觉乳突，自眼向各方辐射。吻短而圆钝。眼退化，隐于皮下。口小，宽短，上位，口裂几垂直。两颌外行牙扩大，犬牙状，下颌缝合部后方无犬牙。头部腹面两侧具须3对。体裸露无鳞。背鳍与臀鳍的基部均延长，后端均与尾鳍相连。左右腹鳍愈合，漏斗状。尾鳍尖长。

地理分布及生活习性： 分布于福建、广东沿海。暖水性近海潮间带小型鱼类。栖息于河口或咸淡水泥滩中。

IUCN 评估等级： 未予评估（Not Evaluated，NE）。

标本采集地： 东莞。

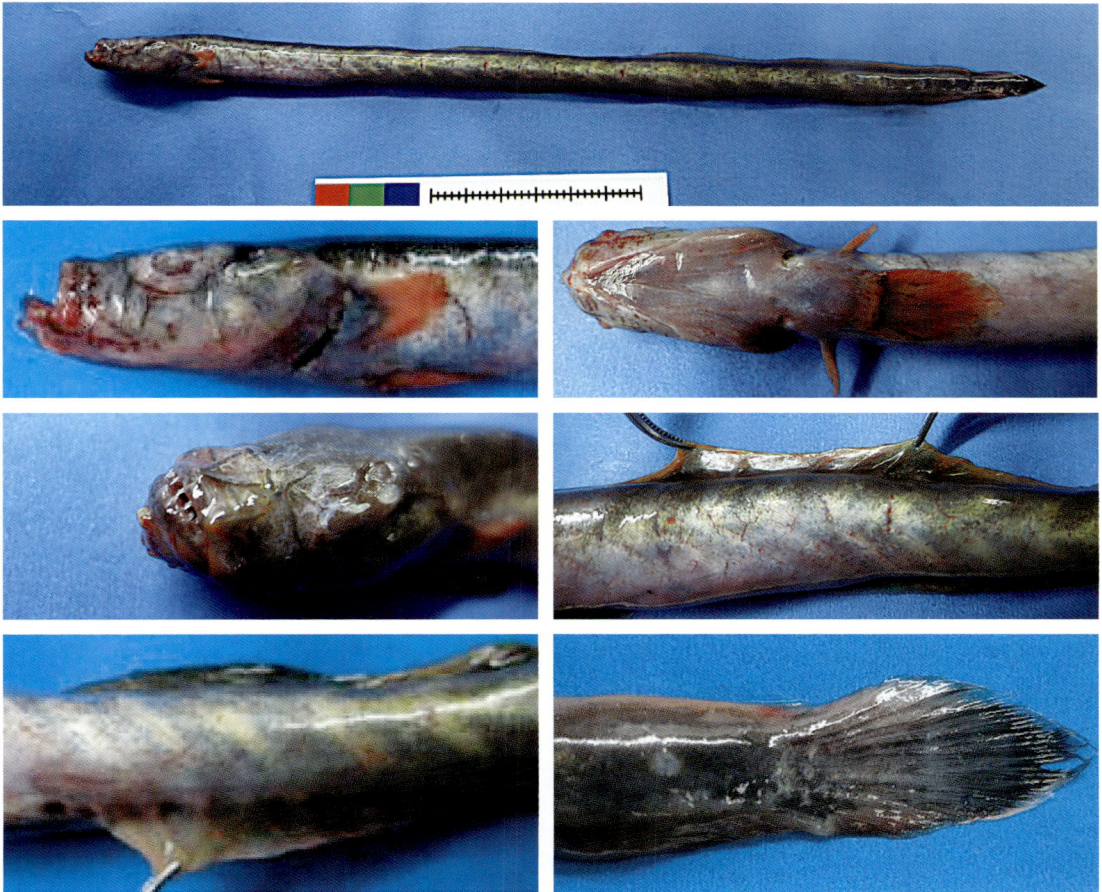

图片提供人：邓利

189．须鳗虾虎鱼 *Taenioides cirratus*（Blyth，1860）

别名： 须拟虾虎鱼（沈世杰，1984）、灰盲条鱼（沈世杰，1993）

英文名： Bearded worm goby

形态特征： 体很延长，前部近圆筒形，后部侧扁。头宽短。吻圆钝。体裸露无鳞。背鳍1个。臀鳍和背鳍鳍条部相对，同形。胸鳍短而圆。腹鳍愈合成一漏斗状吸盘。体呈红色带蓝灰色，腹部浅色。尾鳍黑色，其余各鳍灰色。

地理分布及生活习性： 分布于中国东海、台湾海峡、南海近岸及河口。暖水性底层鱼类。栖息于近岸及河口滩涂上，常隐于洞穴内。杂食。以有机碎屑、小鱼、虾为食。

IUCN 评估等级： 数据缺乏（Data deficient，DD）。

标本采集地： 东莞。

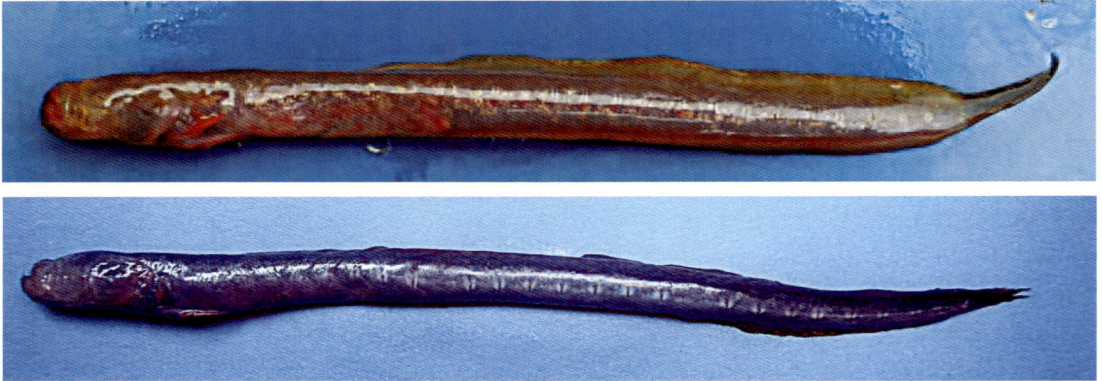

图片提供人：赵会宏

190．孔虾虎鱼 *Trypauchen vagina*（Bloch & Schneider，1801）

别名： 赤鲨（沈世杰，1984）

地方名： 红涂调、赤鮎、红条、红水官

英文名： Burrowing goby

形态特征： 体颇延长，侧扁。头短。吻短而钝。口小，斜裂。眼睛退化隐于皮下。体被圆鳞，无侧线。背鳍连续，后部鳍条与尾鳍相连。胸鳍短小。腹鳍狭小愈合成吸盘。尾鳍尖长。体略呈红色或淡紫红色。

地理分布及生活习性： 分布于珠江、韩江河口。近海潮间带暖水性底层小型鱼类。常栖息于咸淡水的滩涂。主要摄食底栖硅藻和无脊椎动物。

IUCN 评估等级： 未予评估（Not Evaluated，NE）。

标本采集地： 东莞。

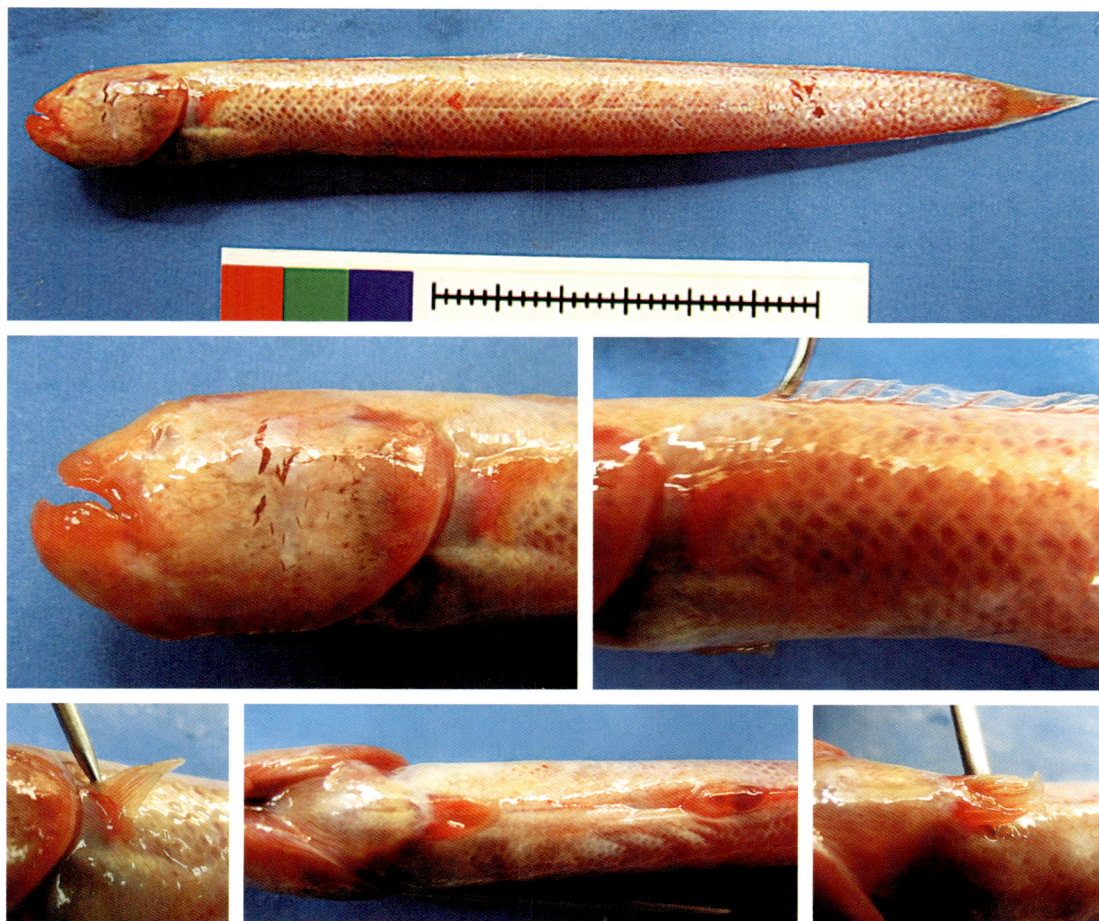

F36 篮子鱼科 Siganidae

191. 长鳍（黄斑）篮子鱼 *Siganus canaliculatus*（Park，1797）

地方名： 网纹臭都鱼、黎猛

英文名： White-spotted spinefoot

形态特征： 体长呈长卵圆形，侧扁。头小，前段略尖。口小。全身被有小圆鳞。背鳍几乎占背部全长，鳍条部边缘圆形。臀鳍鳍条与背鳍鳍条形状相似。胸鳍中等长。腹鳍短于胸鳍。尾鳍深叉形。各鳍鳍棘具毒腺。体黄绿色，背部色较深，腹部浅色；头部和体侧散布许多长圆形的小黄斑，在头后侧线起点下方常隐有一个长条形暗斑。

地理分布及生活习性： 分布于广东各河口区及海南。生活在沿海岩礁区、珊瑚丛、海藻丛和红树林中，常进入河口区。

IUCN 评估等级： 未予评估（Not Evaluated，NE）。

标本采集地： 东莞。

图片提供人：邓利、赵会宏

192．褐篮子鱼 *Siganus fuscescens*（Houttuyn，1782）

地方名： 臭肚、象鱼、雉鱼

英文名： Mottled spinefoot

形态特征： 体延长呈长椭圆形，侧扁，体背缘与腹缘稍呈浅弧形。头小，前端略尖。眼中等大。口小，前下位。下颌短于上颌，鳃盖骨边缘无棘。全体被小圆鳞，全部埋藏于皮下。侧线完全，位高，与背缘平行，向后延伸至尾鳍基。背鳍几乎占体背全长，胸鳍中等长，腹鳍短于胸鳍，尾鳍浅叉形。体侧扁，椭圆形。头脸似兔，故英语有"兔鱼"之称。腹鳍两侧有硬刺，中间为软条。体褐色，散布着许多白点。尾鳍后缘弯入。背鳍、尾鳍和腹鳍的刺有毒腺。

地理分布及生活习性： 主要分布在中国东海、南海；太平洋、印度洋等海域有分布。幼鱼常在潮池中发现，成鱼栖息于海藻茂盛的礁石平台、缓坡或礁砂混合区。杂食性。以藻类及小型底栖动物为主。夏季繁殖，产黏着卵。

IUCN 评估等级： 未予评估（Not Evaluated，NE）。

图片提供人：邓利、赵会宏

F37　攀鲈科 Anabantidae

193．攀鲈 *Anabas testudineus*（Bloch，1792）

地方名： 过山鲫、飞鲫、太阳鱼

英文名： Climbing perch

形态特征： 体长圆形，侧扁。鳃部具有能在空气中呼吸的鳃上器官。头、体均被栉鳞，体部栉鳞略大。背鳍与臀鳍均有鳞鞘。尾鳍圆形。尾柄短且高。体灰绿色，鳃盖骨后缘在两强棘之间及尾鳍基部中央各具一大黑斑。体侧散布许多黑色斑点，并有 10 条黑绿色横纹。

地理分布及生活习性： 分布于福建、广东、广西、台湾、香港、澳门、海南及云南各大小江河下游。喜栖息于水草丛生的静水或缓流区。干旱时能钻入泥中半米深处，有时能爬到岸边的棕榈树上。以浮游动物、小虾、小鱼等为食。

易辨识特征： 体灰绿色，尾鳍基部中央具一大黑斑。体侧散布许多黑色斑点，并有 10 条黑绿色横纹。

IUCN 评估等级： 数据缺乏（Data deficient，DD）。

标本采集地： 东江干流东莞江段。

F38　斗鱼科 Belontiidae

194．叉尾斗鱼 *Macropodus opercularis*（Linnaeus，1758）

地方名：三斑、斗鱼、菩萨鱼

英文名：Paradise fish

形态特征：体长圆形，灰绿色，体侧有 10 余条蓝褐色的横带纹，横带之间略红。体色随

栖息环境不同而变化。自吻端经眼至鳃盖有一黑条纹，其上下在眼后又各有 1 条。鳃盖后角有一暗绿色圆斑，斑周或有黄边。背鳍、臀鳍灰黑色而有红色边缘，腹鳍第 1 鳍条及尾鳍亦为红色。背鳍、臀鳍均呈尖形，尾鳍呈叉形。雌鱼体色较雄鱼暗淡。体侧有 10 余条蓝褐色的横带纹，背鳍，臀鳍均呈尖形，尾鳍呈叉形。

地理分布及生活习性： 分布于长江流域及南方各省区。多生活于山塘、稻田及水泉等浅水地区。食无脊椎动物。雄鱼有护巢的习性。个体小，体色鲜艳，且雄鱼好斗，是著名的观赏鱼。

易辨识特征： 体侧有 10 余条蓝褐色的横带纹，背鳍、臀鳍均呈尖形，尾鳍呈叉形。

IUCN 评估等级： 无危（Least Concern，LC）。

标本采集地： 枫树坝水库。

F39 鳢科 Channidae

195．乌鳢 *Channa argus*（Cantor，1842）

地方名： 黑鱼、乌鱼、生鱼、斑鱼、财鱼

英文名： Snakehead

同物异名： *Ophicephalus argus* Cantor，1842

形态特征： 体前部圆筒形，背缘、腹缘较平直，尾柄较高。头尖长，后部渐隆起，有发达的黏液孔。眼在头前半部，后鼻孔圆形，位于眼前缘。下颌稍突出。上颌骨后端伸越眼后缘下方，上颌有细齿带。舌尖。鳃盖膜跨越颊部。鳃耙结节状。背鳍 1 个，连续，起点在腹鳍基部前上方。臀鳍起点在背鳍第 16～第 17 鳍条的下方。腹鳍短小，近胸位，起点位于胸鳍中部下方，左右腹鳍互相靠近，不伸达肛门。体呈灰黑色，胸鳍基部有一黑斑，头侧自眼到鳃盖后缘有 2 条纵行黑色条纹。

地理分布及生活习性： 主要分布于长江水系。在我国除了西部高原外，其他各地的河川、湖泊、池塘都有分布。凶猛肉食性鱼类。常栖息于水草茂盛或泥底水体中。摄食鱼、虾、水生

图片提供人：赵会宏

昆虫等。缺氧或离开水时能借助鳃上的辅助呼吸器官进行呼吸。

易辨识特征： 胸鳍基部有一黑斑，头侧自眼到鳃盖后缘有 2 条纵行黑色条纹。

IUCN 评估等级： 未予评估（Not Evaluated，NE）。

196. 斑鳢 *Channa maculata*（Lacépède，1801）

地方名： 豺鱼、财鱼、文鱼、生鱼、花鱼、斑鱼

图片提供人：邓利、赵会宏

英文名： Blotched snakehead

形态特征： 体呈圆筒形，尾部侧扁。头部扁平。口裂大，端位，下颌略突出，口斜裂，上颌末端达眼后缘下方，上下颌均有锐利牙齿。头部及体部均被有大小一致的圆鳞。鳍和臀鳍长，侧线平直，在臀鳍起点上方中断，向下1行或2行鳞片，再沿体侧中央向后直走。背鳍1个。腹鳍短小，近胸位。尾鳍圆形。体灰黑色，腹部灰色，体侧有不规则的大型黑斑2行，尾鳍基部前后有黑白交错之横纹，在幼鱼时更明显。与乌鳢属不同种，形态、习性均极相似。其形态差异为：乌鳢尾鳍无弧形横斑；斑鳢尾鳍有2～3条弧形横斑。斑鳢与乌鳢头部背面的斑纹也有明显的区别，斑鳢头部纹近似"一八八"形，而乌鳢则为七星状斑块。此外，乌鳢的头形比较尖长，更似蛇头。

地理分布及生活习性： 主要分布于中国长江流域、台湾、珠江、海南等水系及黄河流域；日本、菲律宾也有分布。底栖鱼类。栖息于水草茂盛的江、河、湖泊、池塘、沟渠和小溪。喜阴暗环境，常潜伏在浅水水草多的水底，昼伏夜出。对水质、温度和其他外界条件的适应性特别强。斑鳢能借助辅助呼吸器官利用空气中的氧气，所以在溶氧极低的水体中甚至离开水体也能生存较长时间。

易辨识特征： 斑鳢头部纹近似"一八八"形，而乌鳢则为七星状斑块。此外，乌鳢的头形比较尖长，更似蛇头。

IUCN 评估等级： 无危（Least Concern，LC）。

标本采集地： 枫树坝水库。

197. 宽额鳢 *Channa gachua*（Hamilton，1822）

地方名： 南鳢、白边鳢、大头鱼、马鬃鱼

形态特征： 头背宽平，前端楔形。背、腹缘轮廓线浅弧形。口大、端位或次上位。下颌较上颌稍突出。背鳍无硬棘，后端超过臀鳍基后端垂直线。胸鳍后伸近臀鳍起点的垂直线，扇圆形。腹鳍短，为胸鳍长的1/2或稍长。尾鳍圆形。头、体均被圆鳞，头顶和头侧鳞片扩大。侧线至臀鳍起点前上方中断或不中断，下折一行鳞，然后入尾柄中轴。体黑色或墨绿色，腹部灰黑色。奇鳍边缘暗红色或橙红色。

地理分布及生活习性： 分布于云南、广西、广东、海南、福建和台湾。常栖息于水流缓慢的河流及池塘。适应性强，离水经久不死。喜栖居于泥底多水草的水体中。白天隐居，夜间活动。主要摄食小鱼虾和昆虫幼虫等。

IUCN 评估等级： 无危（Least Concern，LC）。

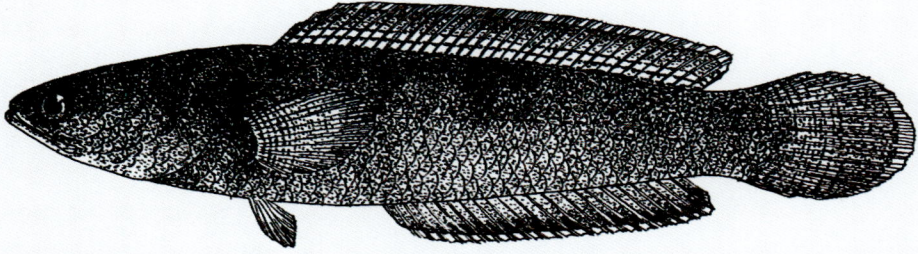

图片提供人：石月莹（依《广东淡水鱼类志》绘）

198. 月鳢 *Channa asiatica*（Linnaeus，1758）

地方名： 七星鱼、山花鱼、山斑鱼、点秤鱼、秤星鱼、星光鱼、星鱼、张公鱼

英文名： Small snakehead

形态特征： 头大而宽扁。吻短而圆钝。口大。鼻管粗大，向前伸过上唇。鳞中等大，头顶鳞片扩大。背鳍和臀鳍基部长。胸鳍和尾鳍均为圆形。无腹鳍。各鳍均无棘。体绿黑色至

图片提供人：邓利、赵会宏

灰黑色，腹部灰白色。眼后头侧有 2 条黑色纵带，伸至鳃盖，体侧有 7～9 条尖端向前的"人"字形横带。尾鳍基底有一黑色眼状斑，斑周白色或为一圈白色亮点。全身布满白色亮点，背鳍与臀鳍各有多行白色亮点。尾鳍基部有数条黑色横纹，尤以雄性更显著。

地理分布及生活习性： 分布于长江以南各水系，以上游较为多见。喜栖居于山区溪流，也生活在江、河、池塘等水体。性凶猛，动作迅速。偏肉食性杂食鱼类。以鱼、虾和水生昆虫等为食。

易辨识特征： 背鳍长，体侧有 7～9 条尖端向前的"人"字形横带。尾鳍基底有一黑色眼状斑，斑周白色或为一圈白色亮点。全身布满白色亮点，背鳍与臀鳍各有多行白色亮点。尾鳍基部有数条黑色横纹，尤以雄性更显著。

IUCN 评估等级： 无危（Least Concern，LC）。

标本采集地： 江西定南水。

F40　刺鳅科 Mastacembelidae

199．大刺鳅 *Mastacembelus armatus*（Lacépède，1800）

地方名： 纳锥、石锥、粗麻割、辣椒鱼、刀枪鱼、竹马及

英文名： Zig-zag eel

形态特征： 体细长，前部稍侧扁，尾部扁薄。头长而尖，前端有一尖长的吻突。口下位，口裂浅，口角止于后鼻孔下方。上下颌均具绒毛状齿带。眼位于头的前部，被皮膜覆盖。眼下斜前方有一尖端向后的小刺，埋于皮内。前鳃盖骨后缘一般具 3 枚短棘。体鳞甚细。侧线完全。背鳍基长，前部由约 35 枚游离的短棘组成。臀鳍具棘 2 枚，第三鳍棘常埋于皮下。背鳍和臀鳍的鳍条部相对，基部均极长，且与尾鳍相连。胸鳍短圆，无腹鳍，尾鳍长圆形。体背侧灰褐色或黑褐色，腹部灰黄色。头背正中多有 1 条黑色纵带。头侧由吻端经眼至鳃盖上方也有 1 条黑色纵带，向后常断裂为一纵行黑色斑点，沿背鳍基底伸达尾鳍基底。体侧有淡色斑点，从而呈现黑色网纹或波状纵条纹。较大个体的斑纹不清。胸鳍黄白色，其他各鳍灰黑色，有淡色斑点，鳍缘有一灰白边。

地理分布及生活习性： 分布于长江以南各水系，海南和台湾。栖息于砾石底的江、河、溪流中，藏匿于石缝或洞穴中，以小型无脊椎动物和植物为食。

易辨识特征： 头长而尖，前端有一尖长的吻突。背部有约 35 枚游离的短棘组成。无腹鳍，尾鳍长圆形。体背侧灰褐色或黑褐色，头背正中多有 1 条黑色纵带。头侧由吻端经眼至鳃盖上方也有 1 条黑色纵带，向后常断裂为一纵行黑色斑点。

IUCN 评估等级： 无危（Least Concern，LC）。

标本采集地： 江西寻乌水、广东枫树坝水库。

O14 鲉形目 SCORPAENIFORMES

F41 鲬科 Platycephalidae

200．鲬 *Platycephalus indicus*（Linnaeus，1758）

地方名： 牛尾鱼、刀甲、竹甲

英文名： Bartail flathead

形态特征： 体延长，平扁。头宽扁。眼上侧位。口大，端位。下颌突出。牙细小。鳃孔宽大。体被小栉鳞。侧线平直，侧中位。背鳍 2 个。臀鳍和第二背鳍同形相对。胸鳍宽圆。腹鳍亚胸位。尾鳍截形。体黄褐色，具黑褐色斑点，腹面浅色，背鳍鳍棘和鳍条上具纵列小斑点，臀鳍后部鳍膜上具斑点和斑纹。尾鳍具灰黑色斑块。

地理分布及生活习性： 广泛分布于中国沿海。近海底层鱼类。栖息于沙底浅海区域，常进入河口咸淡水区域。行动缓慢，一般不结群。摄食各种小型鱼类和甲壳动物等。

IUCN 评估等级： 数据缺乏（Data deficient，DD）。

标本采集地： 东莞。

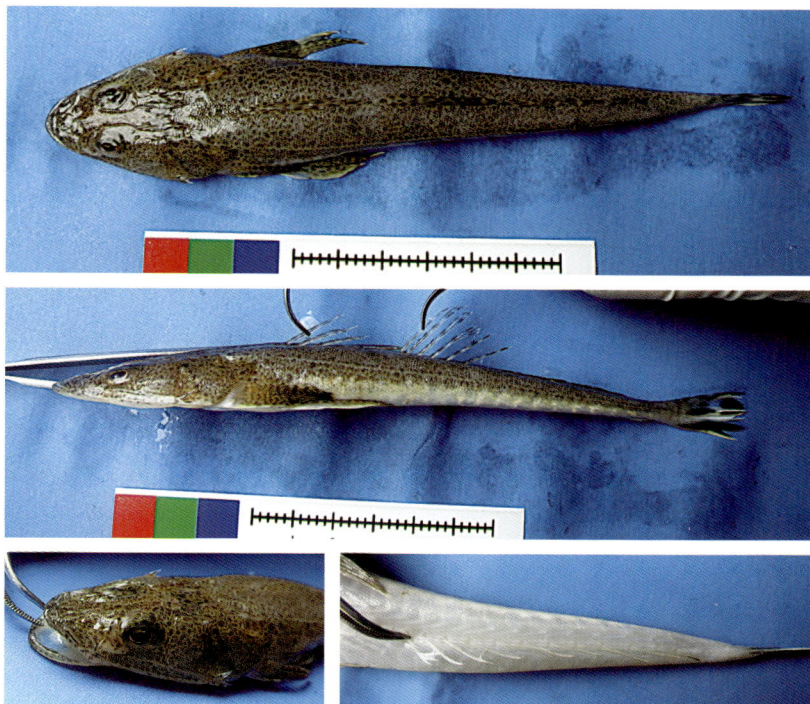

图片提供人：邓利、李荔、林中扶

O15 鲽形目 PLEURONECTIFORMES

F42 鲆科 Bothidae

201. 花鲆 *Tephrinectes sinensis*（Lacépède，1802）

形态特征：体呈卵圆形，甚侧扁，尾柄短高。吻颇短。两眼位于头左侧或右侧。口大，端位，斜裂。两颌具锥形齿数行。鳞片细小，有眼侧褐色，被弱栉鳞；无眼侧白色，被圆鳞。背鳍、臀鳍基部均长。背鳍起点始于上眼中部。胸鳍、腹鳍均短小。尾鳍双截形。有眼侧散有小黑点，奇鳍上有暗斑。

地理分布及生活习性：分布于中国南海北部、东海南部及江河口。暖水性底层鱼类。栖息于沿海浅水区，亦进入咸淡水及淡水水体。

易辨识特征：体侧扁，两眼位于头左侧或右侧，有眼侧褐色，无眼侧灰白色。鳃盖和体上具有数块分散的不规则的黑斑。

IUCN 评估等级：未予评估（Not Evaluated，NE）。

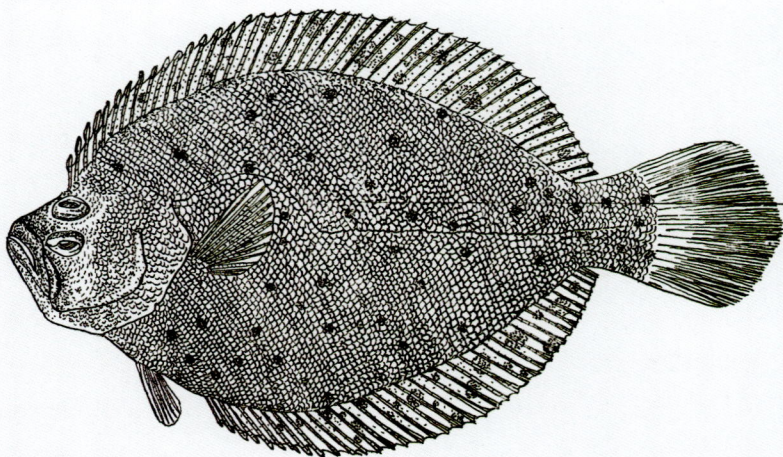

图片提供人：刘全儒（依《广东淡水鱼类志》绘）

F43 鲽科 Pleuronectidae

202. 鲽 *Samaris cristatus* Gray，1831

别名：冠鲽

地方名： 舌头鱼、塔曼、挞沙

英文名： Cockatoo righteye flounder

形态特征： 尾柄短而高。头短小，背缘陡高。吻短，前端颇圆钝。眼中等大，上眼距头部背缘较远；眼间隔嵴状，有小鳞片，有眼侧的两个鼻孔在眼间隔前方。口甚斜裂，近于直立状。鳃耙不发达，为小突起状。有眼侧被栉鳞或圆鳞，或退化呈骨板状。无眼侧无侧线，有眼侧侧线近直线状。背鳍起点在无眼侧眼的前方。臀鳍除无丝状延长鳍条外，与背鳍同形，臀鳍起点在胸鳍基底下方腹缘上。尾鳍较长，后端圆钝。无眼侧体无色；有眼侧呈灰褐色，上有蓝色斑点。各鳍也为灰褐色，背鳍延长鳍条为白色，尾鳍有白色斑点。

地理分布及生活习性： 分布于中国南海。暖水性底层鱼类。栖息于近岸及河口咸淡水水域。冬季远离沿岸，在较深的海域越冬；待翌年春夏季又游向沿岸进行生殖和索饵活动。

IUCN 评估等级： 未予评估（Not Evaluated，NE）。

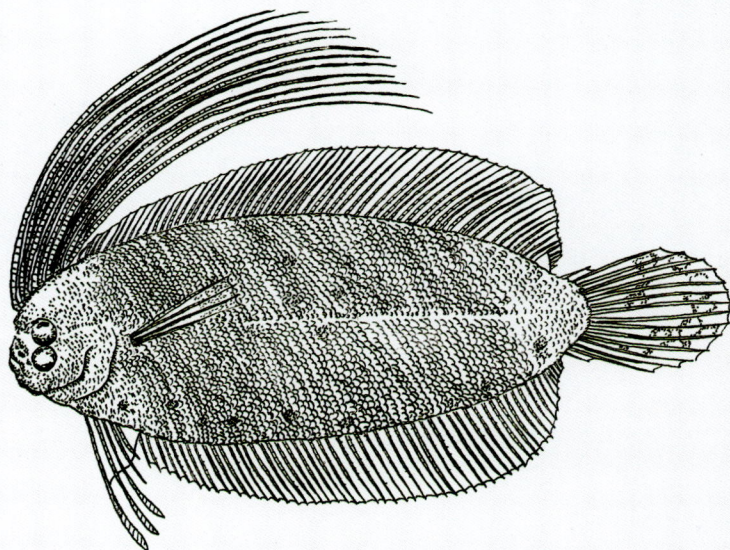

图片提供人：刘全儒（依《广东淡水鱼类志》绘）

F44　鳎科 Soleidae

203．卵鳎 *Solea ovata* Richardson，1846

英文名： Ovate sole

形态特征： 体长卵圆形，极侧扁。两眼均位于右侧，眼间隔处具鳞片。前鼻管单一短小，达下眼前缘。口小，口裂达下眼前下方，无眼侧上下颌有齿，有眼侧无颌齿。体两侧被栉鳞。背鳍起点在上眼前方。体两侧腹鳍略对称。尾鳍圆形。体深褐色，有眼侧散布黑色小点。

地理分布及生活习性：分布于广东近岸及各河口区。暖水性底层小海鱼。偶尔进入河口咸淡水区。以底栖小型无脊椎动物为食。

易辨识特征：体侧扁。两眼均位于头部右侧，眼间隔处具鳞片。无眼侧体无色，有眼侧褐色，有黑色小斑点。背鳍、臀鳍、尾鳍也有黑色小斑，胸鳍黑色。

IUCN 评估等级：未予评估（Not Evaluated，NE）。

标本采集地：东莞。

图片提供人：赵会宏

F45　舌鳎科 Cynoglossidae

204．中华舌鳎 *Cynoglossus sinicus* Wu，1932

地方名：舌头鱼、塔曼、挞沙

形态特征：体长舌形，极侧扁。两眼均位于左侧。鼻孔两个。有眼侧有 2 条侧线，无眼侧有 1 条侧线。侧线鳞 100～108，侧线间鳞 20～21。背鳍、臀鳍与尾鳍相连，无胸鳍，腹鳍与臀鳍相连，尾鳍尖形。有眼侧暗褐色，鳃盖有大黑斑或无。

地理分布及生活习性：分布于广东近岸及各河口区。近海大型暖水性底层鱼。栖息于近岸及河口咸淡水水域，可进入江河中下游淡水区域。主要摄食无脊椎动物。

IUCN 评估等级：未予评估（Not Evaluated，NE）。

标本采集地：东莞。

205．三线舌鳎 *Cynoglossus trigrammus* Günther，1862

地方名： 龙利、鳎沙

形态特征： 体长舌形，极侧扁。两眼均在头部左侧。鼻孔每侧两个。无眼侧无侧线，有眼侧有侧线 3 条。侧线鳞 130～136，上中侧线间鳞 20～22 行。背鳍、臀鳍和尾鳍相连。无眼侧呈白色，有眼侧呈褐色，头及躯干有大小不规则的斑点或斑纹。

地理分布及生活习性： 分布于珠江三角洲近岸及河口区。暖水性底层鱼类。栖息于近岸及河口咸淡水水域，可进入江河中下游淡水区域。以底栖无脊椎动物为主。

易辨识特征： 体长舌形，极侧扁。两眼均在头部左侧。无眼侧无侧线，有眼侧有侧线 3 条。

IUCN 评估等级： 无危（Least Concern，LC）。

标本采集地： 东莞。

O16　鲀形目 TETRAODONTIFORMES

F46　鲀科 Tetraodontidae

206. 弓斑东方鲀 *Takifugu ocellatus*（Linnaeus，1758）

地方名： 鸡抱、抱锅

形态特征： 体椭圆形，躯干部粗壮，尾部尖细。口小，弧形，前位。上下颌各具 2 个喙状牙板。背面自鼻孔至背鳍起点，腹面自鼻孔下方至肛门前方均被小刺。背鳍、臀鳍相对。胸鳍宽短。无腹鳍。尾鳍截形。背侧具一鞍状斑，背鳍基部有一大黑斑并具橙色边缘。体无鳞。侧线发达，背侧线上侧位。

图片提供人：赵会宏、潘德博

地理分布及生活习性： 分布于中国东南沿海及其江河下游。多栖息于沿海及河口附近。近海底层肉食性鱼类。以贝类、甲壳类和小鱼为食。春季溯河繁殖。幼鱼在淡水肥育，翌年春季入海。

易辨识特征： 体椭圆形，背侧具一鞍状斑，背鳍基部有一大黑斑并具橙色边缘。

IUCN 评估等级： 未予评估（Not Evaluated，NE）。

标本采集地： 东莞。

207．暗纹东方鲀 *Takifugu obscurus*（Abe，1949）

地方名： 河鲀

英文名： Obscure pufferfish

形态特征： 体近圆形，后部逐渐转细，尾柄略为侧扁。头长适中。吻较短。前端圆钝。口端位，横裂。下唇较长，包在上唇的外端；上下颌各有 2 个喙状牙板。眼小，侧上位。鼻孔两个，位于眼前上侧。鳃孔中大，位于胸鳍基部前方。背部自鼻孔后方至背鳍前方，腹部自鼻孔下方至肛门前方及鳃孔前后的皮肤上都被有刺状的小鳞。吻部、体侧和尾柄等处皮肤裸露、光滑，无刺状小鳞。背鳍小，略呈圆形。胸鳍短而宽。背部有数条浅色条纹。在胸鳍后上方体侧有 1 个镶有模糊白边的黑色圆形大斑。

地理分布及生活习性： 主要分布在我国东海、黄海、渤海、南海的近海和长江中下游。近海暖温水性底层鱼类，有溯河习性。常洄游于河口附近咸淡水区域，亦进入淡水江河支流中。

易辨识特征： 胸鳍后上方体侧有 1 个镶有模糊白边的黑色圆形大斑。

IUCN 评估等级： 无危（Least Concern，LC）。

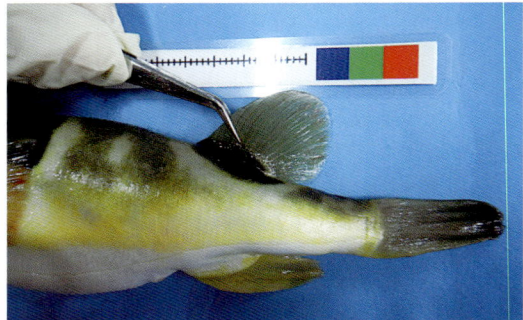

图片提供人：赵会宏

O17 雀鳝目 LEPISOSTEIFORMES

F47　雀鳝科 Lepisosteidae

208．斑点雀鳝 *Lepisosteus oculatus* Winchell，1864

地方名：点雀鳝

英文名：Spotted gar

同物异名：*Cylindostreus productus* Cope，1865

形态特征：两颌与面部形成1个有尖牙的喙，腭上生有精细、向后的锋利牙齿。体覆菱形光亮而厚的硬鳞。背鳍及臀鳍靠近尾部，体延长成圆柱形，鱼体花纹变化丰富，从少有花纹到密部细花纹皆有。体色为深褐色，腹部浅色。幼鱼的背脊及侧面有深色纵纹。

地理分布及生活习性：分布于北美洲五大湖及密西西比河等流域。栖息于淡水河川、湖泊或半咸水的河口区。斑点雀鳝属底层鱼，肉食性。以甲壳类、鱼类、昆虫等为食。

IUCN评估等级：未予评估（Not Evaluated，NE）。

图片提供人：邓利

O18 脂鲤目 CHARACIFORMES

F48 脂鲤科 Characidae

209. 短盖肥脂鲤 *Piaractus brachypomus*（Cuvier，1818）

地方名： 淡水白鲳、银版鱼

英文名： Cachama

同物异名： *Colossoma brachypomum*（Cuvier，1818）

形态特征： 体侧扁，盘状，似海产的银鲳。背部较厚。头较小。口端位，闭合时下颌长于上颌；上下颌各具 2 行向内弯曲的锐利牙齿，上颌外行 10 个为犬齿状、内行 4 个为槽状，下颌外行 10 个为犬齿状、内行 2 个为圆锥形。背部有脂鳍，背鳍起点与腹鳍略相对。体呈银灰色，胸鳍、腹鳍、臀鳍呈红色，尾鳍边缘呈黑色。体被细小的圆鳞，自胸鳍基部至肛门有略呈锯齿状的棱鳞。幼鱼体侧有大小不等的黑色斑点，成鱼斑点消失。

地理分布及生活习性： 中国于 1985 年引进；原产于南美洲亚马孙河。热带鱼类，耐低温能力较差。栖息在宽广、流速快的大河中，活动范围为水域的中上层。

IUCN 评估等级： 未予评估（Not Evaluated，NE）。

图片提供人：戴远棠

东江流域鱼类检索表

目检索表

1（4）体一般被硬鳞或裸露

2（3）体被 5 列硬鳞；尾为歪型尾…………………………………………… 鲟形目 ACIPENSERIFORMES

3（2）体背硬鳞；尾为圆形尾…………………………………………… 雀鳝目 LEPISOSTEIFORMES

4（1）体被栉鳞、圆鳞或裸露；尾一般正型尾

5（18）鳔存在时具鳔管

6（13）前部脊椎骨不形成韦氏器

7（10）无脂鳍

8（9）体被圆鳞或栉鳞，有侧线；无辅上颌骨

9（8）体被圆鳞，侧线；有或发育不完全；上颌骨具 1～2 辅上颌骨 ………… 鲱形目 CLUPEIFORMES

10（7）一般有脂鳍；有侧线 …………………………………………… 鲑形目 SALMONIFORMES

11（12）体呈鳗形或细长；无腹鳍………………………………………… 鳗鲡目 ANGUILLIFORMES

12（11）体不呈鳗形；一般具腹鳍

13（6）第一至第四或第五脊椎骨形成韦氏器

14（17）体常有鳞；如无鳞时，上、下颌无齿

15（16）上下颌有齿，有脂鳍……………………………………………… 脂鲤目 CHARACIFORMES

16（15）上下颌无齿，无脂鳍……………………………………………… 鲤形目 CYPRINIFORMES

17（14）体裸露或被骨板；上下颌有齿……………………………………… 鲇形目 SILURIFORMES

18（5）鳔存在时无鳔管

19（34）上颌骨不与前颌骨连或愈合为骨喙

20（33）体左右对称，头两侧各有 1 眼

21（24）体无侧线；鼻孔每侧 2 个

22（23）鳍无鳍棘，背鳍 1 个…………………………………………… 鳉形目 CYPRINODONTIFORMES

23（22）背鳍、臀鳍、腹鳍或有鳍棘，背鳍 1 或 2 个………………………… 银汉鱼目 ATHERINIFORMES

24（21）体有侧线；鼻孔每侧 1 个………………………………………… 颌针鱼目 BELONIFORMES

25（26）腰骨不与匙骨相接；吻常呈管状；背鳍、臀鳍、胸鳍鳍条大多不分枝 … 刺鱼目 GASTEROSTEIFORMES

26（25）腰骨与匙骨相接；吻一般不呈管状；背鳍、臀鳍、胸鳍鳍条大多分枝

27（28）腹鳍腹位或亚胸位；背鳍 2 个，分离颇远………………………… 鲻形目 MUGILIFORMES

28（27）腹鳍存在时胸位乃至喉位；背鳍如为 2 个亦相距较近

29（30）体呈鳗形；左右鳃孔相连为一……………………………………… 合鳃鱼目 SYNBRANCHIFORMES

30（29）体一般不呈鳗形；左右鳃孔分离

31（32）第三眶下骨正常，不后延，不与前鳃盖骨相接…………………… 鲈形目 PERCIFORMES

32（31）第三眶下骨后延，形成眼下骨架，横过颊部与前鳃盖骨相接 ……… 鲉形目 SCORPAENIFORMES

33（20）体不对称，两眼位于头部一侧（左或右侧）……………………… 鲽形目 PLEURONECTIFORMES

34（19）上颌骨与前颌骨愈合为骨喙……腹鳍一般不存在……………… 鲀形目 TETRAODONTIFORMES

鲟形目 ACIPENSERIFORMES

匙吻鲟科 Polyodontidae
匙吻鲟属 *Polyodon*
种检索表

体裸露，仅尾鳍上叶具棘状硬鳞，吻部呈扁平桨状 ·················· 匙吻鲟 *Polyodon spathula*（Walbaum）

鲱形目 CLUPEIFORMES

科检索表

1（2）口端位，口裂伸达眼的前方或中部下方，鳃盖膜彼此不相连 ······················ 鲱科 Clupeidae

2（1）口下位，口裂伸达眼的后方，鳃盖膜彼此相连 ························· 鳀科 Engraulidae

鲱科 Clupeidae
属、种检索表

1（2）辅上颌骨1块；胃呈砂囊状；上颌骨向后伸达眼的前部或中部的下方（鲥属 *Clupanodon*）······
·················· 花鲦 *Clupanodon thrissa*（Linnaeus）

2（1）辅上颌骨2块；胃不呈砂囊状；上颌中间有显著的缺刻，上颌骨后端常伸达眼后缘下方（鲥属
Tenualosa）·················· 鲥 *Tenualosa reevesii*（Richardson）

鳀科 Engraulidae
属、种检索表

1（2）上颌骨或长或短，不伸达、伸达或伸越鳃孔，甚至伸至臀鳍；尾鳍对称，不与臀鳍相连（棱鳀属
Thryssa）·················· 中颌棱鳀 *Thryssa mystax*（Bloch & Schneider）

2（1）上颌骨延长，伸达鳃孔或胸鳍基部；尾鳍不对称，与臀鳍相连（鲚属 *Coilia*）······················
·················· 七丝鲚 *Coilia grayii* Richardson

鲑形目 SALMONIFORMES

银鱼科 Salangidae
属、种检索表

1（4）背鳍完全在臀鳍的下方

2（3）吻尖长；舌上有齿，纵行；无鳔（白肌银鱼属 *Leucosoma*）··· 白肌银鱼 *Leucosoma chinensis*（Osbeck）

3（2）吻短钝，舌上无齿；有鳔（新银鱼属 *Neosalanx*）········· 陈氏新银鱼 *Neosalanx tangkahkeii*（Wu）

4（1）背鳍一部分或全部在臀鳍上方，吻端尖长，舌无齿；有鳔（银鱼属 *Leucosoma*）·····················
·················· 居氏银鱼 *Salanx cuvieri* Valenciennes

鳗鲡目 ANGUILLIFORMES

鳗鲡科 Anguillidae
鳗鲡属 *Anguilla*
种检索表

1（2）背鳍起点距臀鳍起点的距离为头长的1/3～1/2，背鳍起点距肛门的距离小于距鳃孔的距离 ······
·················· 日本鳗鲡 *Anguilla japonica* Temminck & Schlegel

2（1）背鳍起点距臀鳍起点的距离大于头长，距鳃孔的距离小于距肛门的距离 ……………………

………………………………………………………… 花鳗鲡 *Anguilla marmorata* Quoy & Gaimard

鲤形目 CYPRINIFORMES

科检索表

1（2）口前部无须或仅有 1 对吻须 ……………………………………………… 鲤科 Cyprinidae

2（1）口前部具 2 对或更多吻须

3（4）头部和身体前部侧扁或圆筒形；偶鳍不扩大 …………………………………鳅科 Cobitidae

4（3）头部和身体前部腹面平扁；偶鳍扩大，并向两侧平展………………… 平鳍鳅科 Homalopteridae

鲤科 Cyprinidae

亚科检索表

1（20）鳃的上方无螺行咽上器官；眼位置偏在头纵轴上方；左右鳃膜与颊部相连

2（19）颏部无须

3（18）臀鳍无硬刺，如有，则背鳍硬刺后缘光滑无锯齿

4（15）臀鳍分枝鳍条一般为 6 根或 6 根以上；如仅有 5～6 根，则背鳍起点显著在腹鳍起点之后

5（14）臀鳍分枝鳍条一般为 7 根以上（仅波鱼属 5～6 根，背鳍起点显著在腹鳍起点之后）

6（13）臀鳍起点位置在背鳍基部之后；如位置在背鳍基部之下，则下咽齿 2 行或 3 行；雌鱼不具产卵
管；体通常细长

7（12）下颌前缘无锋利的角质；下咽齿主行 4～5 枚

8（11）通常无腹棱，少数种类具腹棱；侧线不完全或贯穿尾部的下方；背鳍无硬刺

9（10）下颌前端具突起，与上颌的凹口相嵌；如下颌无突起，则背鳍起点位于腹鳍起点之后，且侧线鳞
少于 40 …………………………………………………………… 鱼丹亚科 Danioninae

10（9）下颌前端无突起；背鳍起点一般与腹棱起点相对，如背鳍较后，则有 50 以上的侧线鳞
…………………………………………………………… 雅罗鱼亚科 Leuciscinae

11（8）具腹棱；侧线完全，贯穿尾柄中部；背鳍多具硬刺 ………………… 鲌亚科 Culterinae

12（7）下颌前缘有锋利的角质缘；下咽齿主行 6～7 枚（极少为 5 枚）；背鳍具硬刺，腹鳍以后的腹部
具有不同发达程度的腹棱（个别无腹棱）；无须 ………………… 鲴亚科 Xenocyprinae

13（6）臀鳍起点位置常在背鳍基部之下，雌鱼具细长产卵管；下咽齿 1 行；体长较短，呈卵圆形……
…………………………………………………………… 鱊鲏亚科 Acheilognathinae

14（5）臀鳍分枝鳍条一般为 6 根…………………………………………………… 鮈亚科 Gobioninae

15（4）臀鳍分枝鳍条一般为 5 根（极少数为 6 根以上）

16（17）上唇紧包在上颌的外表，无口前室，通常背鳍具硬刺…………………… 鲃亚科 Barbinae

17（16）上唇通常与上颌分离，或上唇消失，吻皮发达形成口前室，个别属无口前室，则有游离的下唇
与上颌分离；背鳍无硬刺…………………………………………… 野鲮亚科 Labeoninae

18（3）臀鳍和背鳍皆具有后缘带锯齿的硬刺（个别的臀鳍硬刺无锯齿）；臀鳍分枝鳍条通常 5 根（个别
为 6～7 根）…………………………………………………… 鲤亚科 Gypriniae

19（2）颏部有须 3 对（个别为 2 对）……………………………… 鳅鮀亚科 Gobiobotinae

20（1）鳃上方具螺行咽上器官；眼位置稍偏在头纵轴下方；左右鳃膜彼此连接而不与颊部相连………
…………………………………………………………… 鲢亚科 Hypophthalmichthyinae

鲌亚科 Danioninae
属、种检索表

1（8）下颌前端正中有一个突起，与上颌凹陷相吻合

2（3）背鳍起点显著在腹鳍起点之后；性成熟个体臀鳍鳍条不特别延长（波鱼属 *Rasbora*）……………
……………………………………………南方波鱼 *Rasbora steineri* Nichols & Pope

3（2）背鳍起点与腹鳍起点相对或稍前；性成熟个体臀鳍鳍条特别延长

4（5）腹部从腹鳍基底到肛门有明显腹棱（异鱲属 *Parazacco*）……… 异鱲 *Parazacco spihurus*（Günther）

5（4）腹部无腹棱

6（7）口裂较小，上下颌侧缘较平直（鱲属 *Zacco*）…… 宽鳍鱲 *Zacco platypus*（Temminck & Schlegel）

7（6）口裂较大，上下颌侧缘凹、凸相嵌（马口鱼属 *Opsariichthys*）… 马口鱼 *Opsariichthys bidens* Günther

8（1）上下颌前端无相吻合的突起和凹陷

9（10）腹部无腹棱（唐鱼属 *Tanichthys*）…………………… 唐鱼 *Tanichthys albonubes* Lin

10（9）腹部从腹鳍到肛门之前有腹棱（拟细鲫属 *Nicholsicypris*）……………………………
………………………………… 拟细鲫 *Nicholsicypris normalis*（Nichols & Pope）

雅罗鱼亚科 Leuciscinae
属、种检索表

1（4）下咽齿 1 行

2（3）下咽齿臼齿状（青鱼属 *Mylopharyngodon*）…………… 青鱼 *Mylopharyngodon piceus*（Richardson）

3（2）下咽齿稍侧扁，齿端稍弯；吻部管状延长，略成鸭嘴形（鳡属 *Luciobrama*）………………………
……………………………………………… 鳡 *Luciobrama macrocephalus*（Lacépède）

4（1）下咽齿 2 行或 3 行

5（6）下咽齿 2 行，齿侧扁，齿面梳状（草鱼属 *Ctenopharyngodon*）……………………………………
……………………………… 草鱼 *Ctenopharyngodon idella*（Valenciennes）

6（5）下咽齿 3 行，齿面不呈梳状

7（8）有须；眼上有一红斑（赤眼鳟属 *Squaliobarbus*）…… 赤眼鳟 *Squaliobarbus curriculus*（Richardson）

8（7）无须；眼上无红斑

9（10）口裂浅，不伸达眼前缘；侧线鳞 65～75（鳤属 *Ochetobius*）……… 鳤 *Ochetobius elongatus*（Kner）

10（9）口裂深，超过眼前缘；侧线鳞 110～120（鳡属 *Elopichthys*）… 鳡 *Elopichthys bambusa*（Richardson）

11（12）无须

12（11）口角具 1 对短须（丁鱥属 *Tinca*）………………………… 丁鱥 *Tinca tinca*（Linnaeus）

鲌亚科 Culterinae
属、种检索表

1（12）腹面自腹鳍基部到肛门有一肉棱

2（7）背鳍有硬刺

3（4）下颌前端有丘突，上颌前端凹陷；臀鳍分枝鳍条 13～18（拟鲚属 *Pseudohemiculter*）……………
……………………………………………… 南方拟鲚 *Pseudohemiculter dispar*（Peters）

4（3）下颌前端无丘突，上颌前端不凹陷

5（6）体长为体高的 2.8 倍以下；臀鳍分枝鳍条 26～32；鳃耙 14～21；鳔分 3 室（鲂属 *Megalobrama*）

6（5）体长为体高的 2.9 倍以上；臀鳍分枝鳍条 18～24；鳃耙 9～13；鳔分 2 室（华鳊属 *Sinibrama*）
……………………………… 海南华鳊 *Sinibrama melrosei*（Nichols & Pope）

7（2）背鳍无硬刺

8（9）下颌前端有一丘突，上颌前端凹陷；臀鳍分枝鳍条 11～13（半鳘属 *Hemiculterella*）……………
………………………………………………………… 伍氏半鳘 *Hemiculterella wui*（Wang）

9（8）下颌前端无丘突，上颌前端不凹陷；臀鳍分枝鳍条 14～17（细鳊属 *Metzia*）

10（11）体侧无暗色纵带；侧线鳞不超过 40 ……………………………… 线细鳊 *Metzia lineata*（Pellegrin）

11（10）体侧具有一暗色纵带；侧线鳞 40 以上 ………………… 台细鳊 *Metzia formosae*（Oshima）

12（1）腹面自胸鳍基部到肛门有一肉棱

13（20）背鳍有硬刺

14（17）臀鳍分枝鳍条 20 根以上；侧线在胸鳍上方，不显著下斜

15（16）口前位；鳃耙 14～20；臀鳍分枝鳍条 27～35 根（鳊属 *Parabramis*）……………………
………………………………………………………… 鳊 *Parabramis pekinensis*（Basilewsky）

16（15）口上位；鳃耙 25～29；臀鳍分枝鳍条 25～27 根（鲌属 *Culter*）

17（14）臀鳍分枝鳍条 20 根以下；侧线在胸鳍上方，显著下斜

18（19）背鳍末根硬刺后缘有锯状齿；下咽齿 2 行（似鲚属 *Toxabramis*）……………………………
………………………………………………………… 海南似鲚 *Toxabramis houdemeri* Pellegrin

19（18）背鳍末根硬刺后缘无锯状齿；下咽齿 3 行（鳘属 *Hemiculter*）…………………………………
………………………………………………………… 鳘 *Hemiculter leucisculus*（Basilewsky）

20（13）背鳍无硬刺（飘鱼属 *Pseudolaubuca*）

<h2 style="text-align:center">鲌属 Culter</h2>
种检索表

1（4）口上位，口裂几与体轴垂直

2（3）侧线鳞 78～89；臀鳍分枝鳍条 23～24 ……………………翘嘴鲌 *Culter alburnus* Basilewsky

3（2）侧线鳞 72～76；臀鳍分枝鳍条 24～26 ………………… 海南鲌 *Culter recurviceps*（Richardson）

4（1）口端位，口裂斜 ………………………………………………………………………………
……………… 蒙古鲌 *Culter mongolicus* Basilewsky［*Chanodichthys mongolicus*（Basilewsky）］

<h2 style="text-align:center">鲂属 Megalobrama</h2>
种检索表

1（2）上下颌前缘均具发达的角质层 ………………………… 鲂 *Megalobrama skolkovii* Dybowski

2（1）上下颌边缘具不明显角质三角鲂 ………………… 三角鲂 *Megalobrama terminalis*（Richardson）

<h2 style="text-align:center">飘鱼属 Pseudolaubuca</h2>
种检索表

1（2）侧线鳞 62～72，侧线在胸鳍后部急弯折；体极薄扁 ………… 飘鱼 *Pseudolaubuca sinensis* Bleeker

2（1）侧线鳞 46～50，侧线呈广弧形；体侧扁 ………… 寡鳞飘鱼 *Pseudolaubuca engraulis*（Nichols）

<h1 style="text-align:center">鲴亚科 Xenocyprinae</h1>
<h2 style="text-align:center">鲴属 Xenocypris</h2>
种检索表

1（4）腹棱短，长度不达腹鳍基至肛门间距离的一半

2（3）侧线鳞 53～64；鳃耙 38～45 ………………… 银鲴 *Xenocypris macrolepis* Bleeker

3（2）侧线鳞 63～68；鳃耙通常 47～51 ………………… 黄尾鲴 *Xenocypris davidi* Bleeker

4（1）腹棱长，长度为腹鳍基至肛门间距离的 3/4 以上 …………………………………………………
……………… 细鳞鲴 *Xenocypris microlepis* Bleeker［*Plagiognathops microlepis*（Bleeker）］

鳑鲏亚科 Acheilognathinae
属检索表

1（2）侧线不完全；口角无须；背鳍、臀鳍末根不分枝鳍条较细，相当于各自首根分枝鳍条……………
……………………………………………………………………………………… 鳑鲏属 *Rhodeus*

2（1）侧线完全；口角须有或无；背鳍、臀鳍末根不分枝鳍条较粗，成倍地粗于或相当于各自首根分枝鳍条
……………………………………………………………………………………… 鱊属 *Acheilognathus*

鳑鲏属 *Rhodeus*
种检索表

1（2）腹鳍起点通常接近胸鳍基部较之臀鳍起点；胸鳍末端可达腹鳍起点；体较低，体长为体高的
2.3～2.6 倍 ……………………………………………… 中华鳑鲏 *Rhodeus sinensis* Günther

2（1）腹鳍起点约在胸鳍基和臀鳍起点之中点；胸鳍末端不达腹鳍起点；体较高，体长为体高的
2.0～2.3 倍

3（4）口裂较浅，上颌末端不超越眼下缘之水平线；第三眶下骨较狭似半弧形，其最高处约为其长（沿
眼内缘长度）的 1/2 ……………………………………… 高体鳑鲏 *Rhodeus ocellatus*（Kner）

4（3）口裂较深，上颌末端超越眼下缘之水平线；第三眶下骨较宽似等边三角形，其最高处相当于其长
……………………………………………………………… 彩石鳑鲏 *Rhodeus lighti*（Wu）

鱊属 *Acheilognathus*
种检索表

1（6）1 对口角须；口亚下位

2（3）体较低，头后背部隆起斜缓；口角须较短，为眼径 1/4～1/3；下咽齿的内侧缘锯纹较浅或光滑
………………………………………………… 短须鱊 *Acheilognathus barbatulus* Günther

3（2）体较高，头后背部隆起急陡；口角须较长，相当于眼径；下咽齿的内侧缘锯纹较深………………
……………………………………………………… 越南鱊 *Acheilognathus tonkinensis*（Vaillant）

4（5）背鳍分枝鳍条 15 以上 ……………………… 大鳍鱊 *Acheilognathus macropterus*（Bleeker）

5（4）背鳍分枝鳍条 15 以下

6（1）无口角须；口端位；背鳍分枝鳍条 15 以下；鳃耙密集多达 16-17 ………………………………
……………………………………………… 兴凯鱊 *Acheilognathus chankaensis*（Dybowski）

鲃亚科 Barbinae
属、种检索表

1（8）下唇的唇后沟向前伸至颏部而后中断，两侧的唇侧瓣不发达或发达，但无中叶的结构

2（5）吻部不突出，口前位；下唇紧包下颌的外表

3（4）背鳍起点前方无向前平卧的倒棘（小鲃属 *Puntius*）…… 条纹小鲃 *Puntius semifasciolatus*（Günther）

4（3）背鳍起点前方有一向前平卧的倒棘（倒刺鲃属 *Spinibarbus*）… 光倒刺鲃 *Spinibarbus hollandi* Oshima

5（2）吻部显著突出；口下位或近下位；下唇和下颌开始分化，下颌前端有不同程度的外露

6（7）口裂弧形或马蹄形；下唇部在头腹面占显著位置（光唇鱼属 *Acrossocheilus*）

7（6）口裂平直，几乎占头腹面的全部；下唇瓣不显著，仅限于口角（白甲鱼属 *Onychostoma*）

8（1）下唇的唇后沟在颏部中间相连，下唇两侧瓣之间有发达程度不同的中叶（瓣结鱼属 *Folifer*）……
……………………………………… 瓣结鱼 *Folifer brevifilis*（Peters）［*Tor brevifilis*（Peters）］

光唇鱼属 *Acrossocheilus*
种检索表

1（2）背鳍末根不分枝鳍条变粗，后缘有较强锯齿 … 北江光唇鱼 *Acrossocheilus beijiangensis* Wu & Lin

2（1）背鳍末根不分枝鳍条不变粗，后缘无或有较弱锯齿

3（4）背鳍末根不分枝鳍条后缘光滑 ………………… 厚唇光唇鱼 *Acrossocheilus paradoxus*（Günther）

4（3）背鳍末根不分枝鳍条后缘有细齿 …………… 侧条光唇鱼 *Acrossocheilus parallens*（Nichols）

白甲鱼属 *Onychostoma*
种检索表

1（4）背鳍末根不分枝鳍条柔软，不为硬刺

2（3）鳃耙 25 以下，口较窄，头长为头宽的 2.7 倍以上 ……… 粗须白甲鱼 *Onychostoma barbatum*（Lin）

3（2）鳃耙 25 以上，口较宽，头长为头宽的 2.6 倍以下 …… 台湾白甲鱼 *Onychostoma barbatulum*（Pellegrin）

4（1）背鳍末根不分枝鳍条为粗壮硬刺，后缘具强锯齿

5（6）成鱼无须 …………………………………………… 南方白甲鱼 *Onychostoma gerlachi*（Peters）

6（5）成鱼须 2 对 ……………………………………………… 小口白甲鱼 *Onychostoma lini*（Wu）

野鲮亚科 Labeoninae
属、种检索表

1（8）上唇存在，于口角处与下唇相连；吻皮下垂盖住上唇大部，两侧外露

2（7）上唇边缘光滑或具乳突

3（4）上唇内被小乳突或细纹；下颌会合处内面无骨质突（野鲮属 *Labeo*）……………………………………
　　　　…………………………………………………露斯塔野鲮 *Labeo rohita*（Hamilton）

4（3）上唇边缘具 1 排小乳突，内面光滑；下颌会合处内面无骨质突（鲮属 *Cirrhinus*）

5（6）胸鳍基部无菱形黑斑 ……………………………………… 鲮 *Cirrhina molitorella*（Valenciennes）

6（5）胸鳍基部具菱形黑斑 ……………………………… 麦瑞加拉鲮 *Cirrhinus cirrhosus*（Bloch）

7（2）上唇发达，且向外翻卷，边缘分裂呈斜行脊纹，露出唇内面明显的斜条形皮褶（纹唇鱼属
　　　　Osteochilus）…………………………………………纹唇鱼 *Osteochilus salsburyi* Nichols & Pope

8（1）上唇消失，吻内下垂盖住上颌，边缘分裂呈流苏状；下唇呈圆形吸盘

9（10）下咽齿 3 行（墨头鱼属 *Garra*）……………………… 东方墨头鱼 *Garra orientalis* Nichols

10（9）下咽齿 2 行（盘鲴属 *Discogobio*）…………………… 四须盘鲴 *Discogobio tetrabarbatus* Lin

鮈亚科 Gobioninae
属、种检索表

1（2）背鳍最后不分枝鳍条硬刺状，光滑（鳡属 *Hemibarbus*）

2（1）背鳍最后不分枝鳍条柔软，分节

3（10）唇薄，简单，无乳突，下唇不分叶

4（5）口上位，口角无须（麦穗鱼属 *Pseudorasbora*）… 麦穗鱼 *Pseudorasbora parva*（Temminck & Schlegel）

5（4）口前位，近下位或下位；一般口角有须 1 对

6（7）下颌有发达的角质边缘；口小，口裂马蹄形；胸部有鳞（鳈属 *Sarcocheilichthys*）

7（6）下颌无角质边缘

8（9）体中等长，略侧扁；背鳍起点距吻端大于背鳍基部后端距尾鳍基；口近下位（银鮈属
　　　　Squalidus）……………………………… 银鮈 *Squalidus argentatus*（Sauvage & Dabry de Thiersant）

9（8）体长，前部近圆筒形；背鳍起点距吻端小于背鳍基部后端距尾鳍基；口前吻部显著突出（吻鮈
　　　　属 *Rhinogobio*）…………………………………… 吻鮈 *Rhinogobio typus* Bleeker

10（3）唇厚，发达，上下唇有发达的乳突，下唇一般分叶

11（18）背鳍起点距吻端大于或等于背鳍基部后端距尾鳍基；鳔前室包于韧质膜囊内

12（17）吻短，吻长等于或稍大于眼径

13（14）下唇中叶呈心脏形，两侧叶发达，向后侧扩展成翼状（胡鮈属 *Huigobio*）·············
·· 胡鮈 *Huigobio chenhsienensis* Fang

14（13）下唇中叶为 1 对椭圆形的突起，两侧叶不扩展成翼状

15（16）上下唇乳突不发达；鳔大，前室包于膜质囊内，后室大于前室（棒花鱼属 *Abbottina*）·········
·· 棒花鱼 *Abbottina rivularis*（Basilewsky）

16（15）上下唇乳突发达；鳔小，前室包于厚的韧质膜囊内，后室极小且露于囊外（小鳔鮈属 *Microphysogobio*）

17（12）吻长，略平扁，吻长远大于眼径的 2 倍；下唇两侧叶在中叶的前端相连；下咽齿 2 行（似鮈属 *Pseudogobio*）·· 似鮈 *Pseudogobio vaillanti*（Sauvage）

18（11）背鳍起点距吻端小于背鳍基部后端距尾鳍基；鳔前室包于骨囊内（蛇鮈属 *Saurogobio*）·········
·· 蛇鮈 *Saurogobio dabryi* Bleeker

鳍属 *Hemibarbus*
种检索表

1（2）侧线鳞 45～50；吻略长，不甚突出，头长为吻长的 2.2 倍以上 ······ 唇鳍 *Hemibarbus labeo*（Pallas）

2（1）侧线鳞 40 左右；吻细长，尖突，头长为吻长的 2.0 倍 ··· 长吻鳍 *Hemibarbus longirostris*（Regan）

3（4）吻稍尖，突出，成体背部无黑斑，小个体侧线上方有 9～11 个浅黑斑 ····· 间鳍 *Hemibarbus medius* Yue

4（3）吻略短，稍圆钝，体侧具小斑点，侧线上方有 6～9 个圆形大黑斑 ··· 花棘鳍 *Hemibarbus umbrifer*（Lin）

鳈属 *Sarcocheilichthys*
种检索表

1（4）背鳍末根不分枝鳍条较硬，体侧具 4 条宽阔黑色横斑

2（3）口裂马蹄形；下唇褶仅限于口角处 ····················· 华鳈 *Sarcocheilichthys sinensis sinensis* Bleeker

3（2）口裂弧形；下唇褶两侧几乎伸达下颌前端；体侧有不规则的黑斑 ·······························
·· 黑鳍鳈 *Sarcocheilichthys nigripinnis nigripinnis*（Günther）

4（1）背鳍末根不分枝鳍条柔软，体侧无宽阔横斑 ················ 小鳈 *Sarcocheilichthys parvus* Nichols

小鳔鮈属 *Microphysogobio*
种检索表

1（6）侧线鳞 34～37

2（3）胸鳍短，末端圆，不伸达腹鳍；背鳍起点距吻端与背鳍基后端至尾鳍基的距离相等 ··············
·· 乐山小鳔鮈 *Microphysogobio kiatingensis*（Wu）

3（2）胸鳍长，末端尖，胸鳍几乎伸达或伸越腹鳍起点；背鳍起点距吻端大于背鳍基后端至尾鳍基的距
离 ·· 福建小鳔鮈 *Microphysogobio fukiensis*（Nichols）

4（5）侧线鳞 34；眼大，眼间距宽，头长为眼径的 3.0 倍，为眼间距的 5.0 倍以下 ··················
·· 嘉积小鳔鮈 *Microphysogobio kachekensis*（Oshima）

5（4）侧线鳞 36～37；眼较小，眼间距狭窄，头长为眼径的 3.5～4.0 倍，为眼间距的 5.0～6.0 倍 ·····
·· 长体小鳔鮈 *Microphysogobio elongata*（Yao & Yang）

6（1）侧线鳞 38～40，吻长，长度大于眼后头长 ····· 似鲮小鳔鮈 *Microphysogobio labeoides*（Nichols & Pope）

鲤亚科 Gypriniae
属、种检索表

1（4）下咽骨 2 行或 3 行

2（3）下咽骨 3 行（个别 4 行）：1，1，3～3，1，1；臼齿状（鲤属 *Cyprinus*）··· 鲤 *Cyprinus carpio* Linnaeus

3（2）下咽齿 2 行：2，4～4；2；铲形（须鲫属 *Carassioides*）··· 须鲫 *Carassioides acuminatus*（Richardson）

4（1）下咽骨 1 行：4～4；侧扁（鲫属 *Carassius*）························ 鲫 *Carassius auratus*（Linnaeus）

鳅鮀亚科 Gobiobotinae
属、种检索表

须较长，第三对颏须伸越胸鳍基部，第一对颏须基部与上颌须基部在同一水平线上（鳅鮀属 *Gobiobotia*）······························ 南方长须鳅鮀 *Gobiobotia meridionalis* Chen & Cao

鲢亚科 Hypophthalmichthyinae
属、种检索表

1（2）腹面自胸鳍基部至腹鳍圆形，自腹鳍基部至肛门有一肉棱；鳃耙分离（鳙属 *Aristichthys*）········
·························· 鳙 *Aristichthys nobilis*（Richardson）
2（1）腹面自胸鳍基部至肛门前有一肉棱；鳃耙愈合，形成多孔的膜质片（鲢属 *Hypophthalmichthys*）···
························· 鲢 *Hypophthalmichthys molitrix*（Valenciennes）

鳅科 Cobitidae
亚科检索表

1（2）无眼下刺，须 3 对 ································ 条鳅亚科 Noemacheilinae
2（1）有眼下刺（泥鳅属例外），须 3～5 对
3（4）吻须 2 对，聚生于吻端；尾鳍分叉 ························ 沙鳅亚科 Botiinae
4（3）吻须 2 对，分生于吻端；尾鳍内凹、圆形或截形 ··············· 花鳅亚科 Cobitinae

条鳅亚科 Noemacheilinae
属、种检索表

1（4）前鼻孔在短的管状突起中；骨质鳔囊侧囊的后壁是一层薄膜，非骨质
2（3）前鼻孔与后鼻孔紧相邻（小条鳅属 *Micronemacheilus*）·······························
·························· 美丽小条鳅 *Micronemacheilus pulcher*（Nichols & Pope）
3（2）前鼻孔与后鼻孔分开一短距；头部平扁，头宽大于头高；前鼻孔的管状突起顶端延长成须（岭鳅属 *Oreonectes*）··············· 平头（岭）鳅 *Oreonectes platycephalus* Günther
4（1）前鼻孔在鼻瓣膜中；骨质鳔囊侧囊的后壁为骨质（南鳅属 *Schistura*）

南鳅属 *Schistura*
种检索表

1（2）身体一色，无斑纹 ···················· 无斑南鳅 *Schistura incerta*（Nichols）
2（1）体侧有横斑条 10～16，半条从背部下延到体侧 ····· 横纹南鳅 *Schistura fasciolata*（Nichols & Pope）

沙鳅亚科 Botiinae
属、种检索表

1（4）颏部裸露无鳞（沙鳅属 *Botia*）
2（3）眼大，头长为眼径的 4.8～5.7 倍；背鳍前距为体长的 49%～56%；颅顶具囟门 ·····················
·················· 壮体沙鳅 *Botia robusta* Wu［*Sinibotia robusta*（Wu）］
3（2）眼大，头长为眼径的 4.8～5.7 倍；背鳍前距为体长的 49%～56%；颅顶具囟门 ·····················
·················· 美丽沙鳅 *Botia pulchra* Wu［*Sinibotia pulchra*（Wu）］
4（1）颏部有鳞；眼下刺分叉，尾鳍基中央具一黑斑（副沙鳅属 *Parabotia*）·····················
·················· 花斑副沙鳅 *Parabotia fasciata* Dabry de Thiersant

花鳅亚科 Cobitinae
属、种检索表

1（4）具眼下刺（花鳅属 *Cobitis*）

2（3）沿体侧中线具 5～17 个大斑或为一条宽纵带纹所代替……………………………………………………………
…………………………………………………………… 中华花鳅 *Cobitis sinensis* Sauvage & Dabry de Thiersant

3（2）沿体侧中线具 18～24 个小斑 ……………………………………… 沙花鳅 *Cobitis arenae*（Lin）

4（1）无眼下刺

5（6）基枕骨的咽突分叉；侧线鳞 140 以上（泥鳅属 *Misgurnus*）…… 泥鳅 *Misgurnus anguillicaudatus*（Cantor）

6（5）基枕骨的咽突在背大动脉腹下相愈合；侧线鳞 130 以下（副泥鳅属 *Paramisgurnus*）………………
…………………………………………………… 大鳞副泥鳅 *Paramisgurnus dabryanus* Dabry de Thiersant

平鳍鳅科 Homalopteridae
属、种检索表

1（10）偶鳍前部仅有 1 根不分枝鳍条；腹鳍基骨具侧角而无侧孔；颅骨的下颚窝浅

2（5）鳃裂较宽，下角延伸到头部腹面

3（4）下唇不分叶，边缘具有许多小乳突（拟平鳅属 *Liniparhomaloptera*）

4（3）吻褶分 3 叶，无次级吻须，或仅在叶端分化出须状乳突，共 4～7 条吻须；下唇后分叶乳突不呈
疣突状（原缨口鳅属 *Vanmanenia*）

5（2）鳃裂窄，下角止于胸鳍基部前缘，或仅限于胸鳍基部上方的背面

6（7）胸鳍末端不盖过腹鳍起点；腹鳍基部无发达肉质鳍瓣（原吸鳅属 *Protomyzon*）………………
…………………………………………………… 中华原吸鳅 *Protomyzon sinensis*（Chen）

7（6）胸鳍末端盖过腹鳍起点；腹鳍基部具有发达肉质鳍瓣

8（9）腹鳍左右分开，不连成吸盘状腹鳍 i-8～10；下唇特化为复杂的皮质吸附器；鳃孔很小，下缘不达
胸鳍基部前缘（拟腹吸鳅属 *Pseudogastromyzon*）

9（8）腹鳍后部左右相连成吸盘状（爬岩鳅属 *Beaufortia*）………………
……………………………………… 细尾贵州爬岩鳅 *Beaufortia kweichowensis gracilicauda* Chen & Zheng

10（1）偶鳍前部具 2 根以上不分枝鳍条；腹鳍基骨具侧孔而无侧角；颅骨的下颚窝深

11（12）腹鳍前方仅有 2 根不分枝鳍条；腹鳍左右分开，不连成吸盘（华平鳅属 *Sinohomaloptera*）……
…………………… 广西爬鳅 *Sinohomaloptera kwangsiensis*（Fang）［*Balitora kwangsiensis*（Fang）］

12（11）腹鳍前方具 3 根以上不分枝鳍条；腹鳍相连成吸盘（华吸鳅属 *Sinogastromyzon*）……………
………………………………………………… 伍氏华吸鳅 *Sinogastromyzon wui* Fang

拟平鳅属 *Liniparhomaloptera*
种检索表

1（2）吻尖；口宽小于头宽的 1/4；胸鳍条 i-13～15 … 拟平鳅 *Liniparhomaloptera disparis disparis*（Lin）

2（1）吻圆钝；口宽约等于头宽的 1/3；胸鳍条 i-18～19 …………………………………………………………
…………………………………… 钝吻拟平鳅 *Liniparhomaloptera obtusirostris* Zheng & Chen

原缨口鳅属 *Vanmanenia*
种检索表

1（2）吻须裸露，无乳突；头的下唇两侧不具许多乳突 … 平舟原缨口鳅 *Vanmanenia pingchowensis*（Fang）

2（1）7 根吻须布满小乳突；头的下唇两侧也布满乳突 ……… 裸腹原缨口鳅 *Vanmanenia gymnetrus* Chen

拟腹吸鳅属 *Pseudogastromyzon*
种检索表

1（4）下唇皮质吸附器呈"品"字形，最后缘皮脊为念珠状

2（3）体侧具 13～20 条排列整齐的横纹；尾柄较长，体长为尾柄长的 7.6～8.9 倍 …………………………
…………………… 东坡拟腹吸鳅 *Pseudogastromyzon changtingensis tungpeiensis*（Chen & Liang）

3（2）体前部密布细小斑点，背鳍后体侧具不规则的横行细纹；体长为尾柄长的 8.6～10.8 倍…………
……………………………………………… 珠江拟腹吸鳅 *Pseudogastromyzon fangi*（Nichols）

4（1）下唇皮质吸附器不呈"品"字形，最后缘皮脊为线状；体具不规则花斑 ……………………
……………………………………………… 麦氏拟腹吸鳅 *Pseudogastromyzon myseri* Herre

鲇形目 SILURIFORMES
科检索表

1（6）脂鳍缺如

2（5）背鳍不存在，或存在而无硬刺

3（4）背鳍短小或不存在；须 1～3 对 ……………………………………… 鲇科 Siluridae

4（3）背鳍很长；须 4 对 ………………………………………… 胡子鲇科 Clariidae

5（2）背鳍存在且有硬刺；须 4 对 ……………………………………… 鳗鲇科 Plotosidae

6（1）脂鳍存在

7（8）前后鼻孔距离颇远；腭齿存在 …………………………………… 鲿科 Bagridae

8（7）前后鼻孔距离很近或紧邻；腭齿缺如 ………………………… 鲱科 Sisoridae

9（10）脂鳍与尾鳍明显不连 …………………………………………… 鮰科 Ictaluridae

10（9）脂鳍与尾鳍相连或接近

11（12）口不呈吸盘状

12（11）口下位，吸盘状 ……………………………………… 棘甲鲇科 Loricariidae

鲇科 Siluridae
鲇属 *Silurus*
种检索表

1（2）上颌突出于下颌 ……………………………………………………………………
…… 越南隐鳍鲇 *Silurus cochinchinensis* Valenciennes［*Pterocryptis cochinchinensis*（Valenciennes）］

2（1）下颌突出于上颌

3（4）口裂浅，后伸仅及眼前缘下方 …………………………… 鲇 *Silurus asotus* Linnaeus

4（3）口裂深，后伸仅及眼球中部下方 …………………… 大口鲇 *Silurus meridionalis* Chen

胡子鲇科 Clariidae
胡子鲇属 *Clarias*
种检索表

1（2）体侧无黑色斑点和灰白色云状斑块，个体小，背鳍 54～64 …… 胡子鲇 *Clarias fuscus*（Lacépède）

2（1）体侧有黑色斑点和灰白色云状斑块，个体大，背鳍 64～76 … 革胡子鲇 *Clarias gariepinus*（Burchell）

鳗鲇科 Plotosidae
鳗鲇属 *Plotosus*
种检索表

体延长，尾部渐细；体光滑无鳞；侧线中侧位，伸达尾鳍基…………… 鳗鲇 *Plotosus lineatus*（Thunberg）

鲿科 Bagridae
属、种检索表

1（14）脂鳍短或中等长，短于或略长于臀鳍；上颌须较短，末端不伸过胸鳍；后鼻孔距眼较距前鼻孔为

近或稍远

2（11）尾鳍深叉状（中央鳍条长度至多为最长鳍条之半）

3（6）头顶通常多少裸露且粗糙；臀鳍条一般多于 20 根（黄颡鱼属 *Pelteobagrus*）

4（5）胸鳍硬刺前后缘均有锯齿，前缘者细小；头顶大部裸露 ⋯⋯ 黄颡鱼 *Pelteobagrus fulvidraco*（Richardson）

5（4）胸鳍硬刺前缘光滑，后缘有锯齿；头顶被薄皮；须略粗壮；体无斑块 ⋯⋯⋯⋯⋯⋯⋯⋯⋯
⋯⋯⋯⋯⋯⋯⋯⋯⋯⋯⋯⋯⋯⋯⋯ 瓦氏黄颡鱼 *Pelteobagrus vachelli*（Richardson）

6（3）头顶被皮光滑，仅枕突或裸露；臀鳍条不多于 20 根（鮠属 *Leiocassis*）

7（8）体无暗色纵带纹，尾鳍两叶亦无；体型较大；游离椎骨 39～41 ⋯ 粗唇鮠 *Leiocassis crassilabris* Günther

8（7）体有暗色纵带纹，尾鳍上下叶亦各有 1 条；体型小；游离椎骨不多于 33

9（10）须较短，上颌须短于头长而伸达胸鳍起点；尾柄略高，长度为高度的 1.5 倍以下 ⋯⋯⋯⋯⋯
⋯⋯⋯⋯⋯⋯⋯⋯⋯⋯⋯⋯⋯⋯⋯⋯⋯⋯ 条纹鮠 *Leiocassis virgatus*（Oshima）

10（9）须较长，上颌须长于头长而伸过胸鳍起点；尾柄较低，长度为高度的 1.5 倍以上 ⋯⋯⋯⋯⋯
⋯⋯⋯⋯⋯⋯⋯⋯⋯⋯⋯⋯⋯⋯⋯⋯ 纵带鮠 *Leiocassis argentivittatus*（Regan）

11（2）尾鳍凹入（中央鳍条长度至少为最长鳍条的 2/3）乃至截形或圆形；头顶被皮，仅枕突或裸露（拟
鲿属 *Pseudobagrus*）

12（13）体略粗壮，长常为高的 5 倍以下，为头长的 4 倍以下；体侧有 3 条黄色纵线纹 ⋯⋯⋯⋯⋯⋯⋯
⋯⋯⋯⋯⋯⋯⋯⋯⋯⋯⋯⋯⋯⋯⋯⋯ 三线拟鲿 *Pseudobagrus trilineatus*（Zheng）

13（12）体较细长，长常为高的 5 倍以上，为头长的 4 倍以上；体侧无淡色纵线纹

14（1）脂鳍通常较长，一般长于臀鳍之 2 倍；上颌须很长，末端远超过胸鳍之后；后鼻孔距眼甚较距前
鼻孔为远（鳠属 *Hemibagrus*）

15（16）脂鳍后缘不游离，略斜或截形；体或有散在的细小斑点 ⋯ 大鳍鳠 *Hemibagrus macropterus* Bleeker

16（15）脂鳍后缘游离，略圆；体或有稀疏的略大斑点；背鳍硬刺后缘有弱锯齿；尾鳍上叶不呈丝状
⋯⋯⋯⋯⋯⋯⋯⋯⋯⋯⋯⋯⋯⋯⋯⋯⋯⋯ 斑鳠 *Hemibagrus guttatus*（Lacépède）

鮡科 Sisoridae
纹胸鮡属 *Glyptothorax*
种检索表

1（2）体表有 3 根白线，一根在背部正中，另两根在体侧，与侧线相重叠 ⋯⋯⋯⋯⋯⋯⋯⋯⋯⋯⋯⋯
⋯⋯⋯⋯⋯⋯⋯⋯⋯⋯⋯⋯⋯⋯ 白线纹胸鮡 *Glyptothorax pallozonum*（Lin）

2（1）体表无白线，一般有黑色斑块 ⋯⋯⋯⋯⋯⋯⋯⋯⋯ 福建纹胸鮡 *Glyptothorax fokiensis*（Rendahl）

鮰科 Ictaluridae
鮰属 *Ictalurus*
种检索表

体较长，头部平扁。吻较尖。须 4 对；颌须长超过胸鳍基部⋯⋯ 斑点叉尾鮰 *Ictalurus punctatus*（Rafinesque）

棘甲鲇科 Loricariidae
下口鲇属 *Hypostomus*
种检索表

口下位、吸盘状；体呈暗褐绿色，体表连同鳍上布满灰黑色豹纹斑点 ⋯⋯⋯⋯⋯⋯⋯⋯⋯⋯⋯⋯⋯⋯
⋯⋯⋯⋯⋯⋯⋯⋯⋯⋯⋯⋯⋯ 下口鲇 *Hypostomus plecostomus*（Linnaeus）

鳉形目 CYPRINODONTIFORMES

科检索表

1（2）卵生；雄性臀鳍前部不形成交配器 ························· 青鳉科 Oryziatidae

2（1）卵胎生；雄性臀鳍前部形成交配器 ························· 胎鳉科 Poeciliidae

属、种检索表

1（2）卵生；臀鳍长，臀鳍条 16～23，雄鱼臀鳍正常（青鳉科青鳉属 *Oryzias*）·············
··················· 青鳉 *Oryziaslatipes*（Temminck & Schlegel）

2（1）卵胎生；臀鳍短，臀鳍条 3～7，雄鱼臀鳍前部鳍条延长（胎鳉科食蚊鱼属 *Gambusia*）·········
··················· 食蚊鱼 *Gambusiaaffinis*（Baird & Girard）

银汉鱼目 ATHERINIFORMES

银汉鱼科 Atherinidae
白氏银汉鱼属 *Hypoatherina*
种检索表

体近圆筒形或稍侧扁；无脂眼睑，口可伸缩 ····························
················· 白氏银汉鱼 *Hypoatherina valenciennei*（Bleeker）［*Allanetta bleekeri*（Günther）］

颌针鱼目 BELONIFORMES

鱵科 Hemirhamphidae
吻鱵属 *Rhynchorhamphus*
种检索表

鼻孔内嗅瓣扇形，边缘穗状或多指状；侧线在胸鳍下方有 2 根分枝··················
················· 乔氏吻鱵 *Rhynchorhamphus georgii*（Valenciennes）

下鱵属 *Hyporhamphus*
种检索表

1（2）背鳍前鳞 48～63；上颌三角部之高大于其底边 ········ 间下鱵 *Hyporhamphus intermedius*（Cantor）

2（1）背鳍前鳞 30～40；上颌三角部之高小于其底边；上下颌齿多行，呈带状，大多为三峰齿；椎骨 48～50
················· 缘下鱵 *Hyporhamphus limbatus*（Valenciennes）

刺鱼目 GASTEROSTEIFORMES

海龙科 Syngnathidae
海龙属 *Syngnathus*
种检索表

体长形，被环状骨片；鳃孔很小，位于头侧背方。背鳍 1，胸鳍发达······ 尖海龙 *Syngnathus acus* Linnaeus

鲻形目 MUGILIFORMES

科检索表

1（2）胸鳍无游离鳍条 ……………………………………………… 鲻科 Mugilidae
2（1）胸鳍下部游离呈丝状 ……………………………………… 马鲅科 Polynemidae

鲻科 Mugilidae
鲛属 *Liza*
种检索表

1（2）背部在第一背鳍之前有一正中棱嵴 ……………… 棱鲛 *Liza carinata*（Valenciennes）
2（1）背部无正中棱嵴
3（4）脂眼睑不发达；纵列鳞 36～44，横列鳞 12～14 ····· 鲛 *Liza haematocheila*（Temminck & Schlegel）
4（3）脂眼睑较发达；纵列鳞 27～30，背鳍前鳞 16～18；吻较略宽 ………………………………………
……………………… 粗鳞鲛 *Liza dussumieri*（Valenciennes）［*Chelon subviridis*（Valenciennes）］

马鲅科 Polynemidae
四指马鲅属 *Eleutheronema*
种检索表

下唇不发达，限于口角附近；齿布于颌外缘 ………… 四指马鲅 *Eleutheronema tetradactylum*（Shaw）

合鳃鱼目 Synbranchiformes

合鳃鱼科 Synbranhidae
黄鳝属 *Monopterus*
种检索表

背鳍、臀鳍均无鳍条，与尾鳍相连；无胸鳍、腹鳍 ………………… 黄鳝 *Monopterus albus*（Zuiew）

鲈形目 PERCIFORMES

科检索表

1（34）无眼下刺；背鳍通常无 1 列锯状的游离小刺
2（29）无腮上器
3（32）尾柄无任何棘或骨板
4（23）有侧线；左右腹鳍分离
5（22）头侧扁；腹鳍胸位；鳃盖骨基下方无向后弯的棘
6（21）鼻孔每侧 2 个；左右下咽齿分离
7（12）上颌骨一般不为眼前框所遮盖
8（9）臀鳍有 3 根鳍棘；鳞不粗糙；无发光体 ……………………………………… 鮨科 Serranidae
9（8）臀鳍有 2 根鳍棘
10（11）臀鳍鳍棘与鳍条部连续；背鳍 2，分离 ………………………………… 鱚科 Sillaginidae
11（10）臀鳍有 2 根游离鳍棘，与鳍条部不连续
12（7）上颌骨一般为眼前框所遮盖
13（14）臀鳍有 2 根鳍棘；头骨有黏液腔……………………………………… 石首鱼科 Sciarnidae

14（13）臀鳍有 3 根鳍棘

15（16）上颌骨能向上、向前、向下伸出 ································· 鲾科 Leiognathidae

16（15）上颌骨不能伸出

17（18）上下颌两侧一般有臼齿 ··································· 鲷科 Sparidae

18（17）上下颌两侧无臼齿

19（20）匙骨及乌喙骨不裸露；犁骨及腭骨均无齿；尾鳍浅凹或圆形············· 石鲈科 Pomadasyidae

20（19）匙骨及乌喙骨裸露，且有锯齿；犁骨及腭骨有齿或无齿；尾鳍分叉或浅凹 ··· 鯻科 Theraponidae

21（6）鼻孔每侧 1 个；左、右下咽齿愈合 ···························· 丽鱼科 Cichlidae

22（5）头平扁；腹鳍喉位；鳃盖骨基下方有 1 根向后弯的棘 ·········· 鼠䲗科 Callionymidae

23（4）无侧线；左、右腹鳍相互靠近，或愈合成吸盘

24（27）腹鳍分离

25（26）前鳃盖骨后缘无硬棘·································· 沙塘鳢科 Odontobutidae

26（25）前鳃盖骨后缘有 1 根向下硬棘··························· 塘鳢科 Eleotridae

27（24）腹鳍愈合成一吸盘·································· 虾虎鱼科 Gobiidae

28（3）通常尾柄有棘或骨板 ································· 篮子鱼科 Siganidae

29（2）有鳃上器

30（33）背鳍与臀鳍通常有棘；体被栉鳞；头侧扁；头顶无大型鳞片

31（32）背鳍起点在胸鳍基部前上方，背鳍基部较臀鳍基部长；鳃盖骨及下鳃盖骨锯齿发达，尖长······
·································· 攀鲈科 Anabantidae

32（31）背鳍起点在胸鳍基部后上方，背鳍基部较臀鳍基部短；鳃盖骨无锯齿，下鳃盖骨有细锯齿······
································· 斗鱼科 Belontiidae

33（30）背鳍与臀鳍无棘；体被圆鳞；头平扁；头顶有大型鳞片················鳢科 Channidae

34（1）有眼下刺；背鳍有 1 列锯状的游离小刺 ············ 刺鳅科 Mastacembelidae

鮨科 Serranidae
属、种检索表

1（2）背鳍鳍棘部与鳍条部之间有很深的缺刻；尾鳍分叉；体被栉鳞（花鲈属 *Lateolabrax*）············
·································· 花鲈 *Lateolabrax japonicus*（Cuvier）

2（1）背鳍鳍棘部与鳍条部之间缺刻较浅；尾鳍圆形；体被圆鳞

3（4）上下颌约等长；前鳃盖骨下缘锯状棘弱小；侧线有孔鳞 36—70；脊椎骨 28—33（少鳞鳜属 *Coreoperca*）
·································· 中国少鳞鳜 *Coreoperca whiteheadi* Boulenger

4（3）下颌多少突出于上颌之前；前鳃盖骨下缘有强大锯状棘；侧线有孔鳞 80—144；脊椎骨 27—38
（鳜属 *Siniperca*）

鳜属 *Siniperca*
种检索表

1（2）上下颌齿等长或下颌齿稍长，口闭时下颌齿不外露 ····· 波纹鳜 *Siniperca undulata* Fang & Chong

2（1）下颌齿明显长于上颌齿，口闭时下颌齿外露

3（4）头侧无过眼斜纹 ····························· 斑鳜 *Siniperca scherzeri* Steindachner

4（3）头侧从吻部至背鳍前方有 1 条过眼斜纹

5（6）上颌骨后伸不达眼后缘下方，颊部无鳞 ·············· 大眼鳜 *Siniperca kneri* Garman

6（5）上颌骨后伸超过眼后缘下方，颊部有鳞 ············· 鳜 *Siniperca chuatsi*（Basilewsky）

鱚科 Sillaginidae
鱚属 *Sillago*
种检索表

1（2）第一背鳍起点与侧线间有鳞 5～6 行 ························· 鱚 *Sillago sihama*（Forsskål）

2（1）第一背鳍起点与侧线间有鳞 3 行 ·················· 少鳞鱚 *Sillago japonica* Temminck & Schlegel

石首鱼科 Sciarnidae
属、种检索表

1（2）鳔前端有侧囊或侧管（黄唇鱼属 *Bahaba*）··············· 黄唇鱼 *Bahaba taipingensis*（Herre）

2（1）鳔前端无侧囊或侧管（梅童鱼属 *Collichthys*）········ 棘头梅童鱼 *Collichthys lucidus*（Richardson）

鲾科 Leiognathidae
鲾属 *Leiognathus*
种检索表

1（2）口裂上斜，几乎垂直；体长为体高的 2.3～3.0 倍 ·······························
··················· 静鲾 *Leiognathus insidiator*（Bloch）［*Secutor insidiator*（Bloch）］

2（1）口裂水平，或稍倾斜

3（4）口裂水平线通过眼下缘或稍下处，一般体长为体高的 2.0 倍以上；项部有鞍状斑；背鳍棘上半部
有一深黑色斑，体侧无暗色的横带或不规则的斑条 ··· 短吻鲾 *Leiognathus brevirostris*（Valenciennes）

4（3）口裂水平线通过瞳孔下缘或稍上处；胸部有鳞；体椭圆形，背、腹缘轮廓相似；上下颌齿 1～2
行；背部有不规则的、显著的暗色粗斑纹 ···
··················· 粗纹鲾 *Leiognathus lineolatus*（Valenciennes）［*Equulites lineolatus*（Valenciennes）］

鲷科 Sparidae
鲷属 *Acanthopagrus*
种检索表

1（2）背鳍起点至侧线有鳞 4 行；每枚鳞片边缘深灰色；生活时腹鳍及臀鳍灰黑色 ···············
···灰鳍鲷 *Acanthopagrus berda*（Forsskål）

2（1）背鳍起点至侧线有鳞 5 行；体侧有数条黑色横带；生活时腹鳍及臀鳍黄色 ···············
···黄鳍鲷 *Acanthopagrus latus*（Houttuyn）

石鲈科 Pomadasyidae
石鲈属 *Pomadasys*
种检索表

体侧上半部有 6～9 条由不连续斑块构成的黑褐色横带 ········ 断斑石鲈 *Pomadasys argenteus*（Forsskål）

蜊科 Theraponidae
蜊属 *Therapo*
种检索表

背鳍最后一鳍棘远长于其前方鳍棘；吻短钝，吻长为眼径的 1.3 倍以下 ···························
··· 细鳞蜊 *Therapon jarbua*（Forsskål）

丽鱼科 Cichidae
口孵非鲫属 *Oreochromis*
种检索表

1（2）尾鳍有斑点，但不形成规则的垂直条纹；喉、胸部暗褐色·································

··莫桑比克口孵非鲫 *Oreochromis mossambicus*（Peters）

2（1）尾鳍有 7～8 条垂直条纹；喉、胸部白色 ···········尼罗口孵非鲫 *Oreochromis niloticus*（Linnaeus）

鲔科 Callionymidae
鲔属 *Callionymus*
种检索表

1（2）上颌颇突出；第一背鳍基部长约等于两背鳍间距；雄鱼第一背鳍有 3～4 条黑色的斜带，雌鱼浅色而无斜带 ···········海氏鲔 *Callionymus hindsii* Richardson

2（1）上颌稍突出；第一背鳍基部长为两背鳍间距的 2.0 倍余；雄鱼第一背鳍浅色，雌鱼黑色 ········
·············香鲔 *Callionymus olidus* Günther［*Repomucenus olidus*（Günther）］

塘鳢科 Eleotridae
属、种检索表

1（2）犁骨有齿（乌塘鳢属 *Bostrychus*）···········乌塘鳢 *Bostrychus sinensis* Lacépède

2（1）犁骨无齿（塘鳢属 *Eleotris*）

3（4）纵列鳞 60～68；体暗色 ···········褐塘鳢 *Eleotris fusca*（Forster）

4（3）纵列鳞 60～68

5（6）鳃孔向前不伸达眼中部下方；眼后具 2 条黑色纵纹，伸向前鳃盖骨上方 ···········
·············尖头塘鳢 *Eleotris oxycephala* Temminck & Schlegel

6（5）鳃孔向前伸达眼中部下方；眼后无黑色纵纹伸向前鳃盖骨上方···黑体塘鳢 *Eleotris melanosoma*（Bleeker）

沙塘鳢科 Odontobutidae
属、种检索表

1（2）眼上方骨质嵴细弱，不明显，嵴缘光滑（沙塘鳢属 *Odontobutis*）···········
·············海丰沙塘鳢 *Odontobutis haifengensis* Chen

2（1）眼上方无骨质嵴；体和头部均侧扁（华黝鱼属 *Sineleotris*）···萨氏华黝鱼 *Sineleotris saccharae* Herre

虾虎鱼科 Gobiidae
亚科检索表

1（6）体不呈鳗形；背鳍 2 个，分离，有时第一背鳍消失；背鳍、臀鳍不与尾鳍相连

2（3）上、下颌齿多行，少数 2 行，直立 ···········虾虎鱼亚科 Gobiinae

3（2）上、下颌齿一般 1 行（个别种类 2 行）

4（5）口大或中大，前位或亚前位，平横或稍斜裂；眼小，背侧位；下眼睑有或无，胸鳍发达，基部有或无臂状肌柄；第二背鳍基部长，具 20～31 鳍条（弹涂鱼属除外，为 9～13 鳍条）；下颌齿一般平卧
·············背眼虾虎鱼亚科 Oxudercinae

5（4）口大或中大，下位或亚下位，马蹄形；眼中大，侧位；无下眼睑；胸鳍无臂状肌柄；第二背鳍基部短，具 9～10 鳍条

6（1）体呈鳗形；两个背鳍连续，中间无深缺刻，起点位于提前半部；背鳍、臀鳍与尾鳍相连···········
·············近盲虾虎鱼亚科 Amblyopinae

虾虎鱼亚科 Gobiinae
属、种检索表

1（4）上下颌外行齿均为三叉形（缟虾虎鱼属 *Tridentiger*）

2（3）头部无须···········纹缟虾虎鱼 *Tridentiger trigonocephalus*（Gill）

3（2）头部有多行小须···········髭缟虾虎鱼 *Tridentiger barbatus*（Günther）

4（1）上下颌外行齿不分为 3 叉，或仅上颌齿呈三叉形

5（6）前鼻孔管状，紧邻上唇，悬垂其上（鲻虾虎鱼属 *Mugilogobius*）……………………
………………………………………… 粘皮鲻虾虎鱼 *Mugilogobius myxodermus*（Herre）

6（5）前鼻孔短管不紧邻上唇

7（18）第一背鳍一般有 6 根鳍棘

8（11）舌端凹入或分叉（舌虾虎鱼属 *Glossogobius*）

9（10）眼后及背鳍前方有小黑斑 4 横行，或分散为数群；背鳍前鳞 24～27 ……………………
………………………………… 斑纹舌虾虎鱼 *Glossogobius olivaceus*（Temminck & Schlegel）

10（9）眼后及背鳍前方无小黑斑；背鳍前鳞 17～22 ……………… 舌虾虎鱼 *Glossogobius giuris*（Hamilton）

11（8）舌端通常圆形或截形

12（13）尾鳍尖长，矛状，其长大于头长（沟虾虎鱼属 *Oxyurichthys*）……………………………
……………………………………… 小鳞沟虾虎鱼 *Oxyurichthys microlepis*（Bleeker）

13（12）尾鳍圆钝，其长小于头长

14（17）头部及项部一般有鳞（细棘虾虎鱼属 *Acentrogobius*）

15（16）体侧无大暗斑，仅腹侧的鳞片大多各有 1 个暗色小点，形成 3～4 纵行的点列；背鳍前鳞 23～25
…………………………………… 绿斑细棘虾虎鱼 *Acentrogobius chlorostigmatoides*（Bleeker）

16（15）体侧有 5 个大暗斑，其中胸鳍上方的第一暗斑和尾鳍基的最后暗斑色最深，呈深灰色，背侧也
有 5 个横斑（或横带）；背鳍前鳞 18～21 … 犬牙细棘虾虎鱼 *Acentrogobius caninus*（Valenciennes）

17（14）头部及项目一般无鳞，或头部无鳞、项部有鳞（吻虾虎鱼属 *Rhinogobius*）

18（7）第一背鳍有 6～9 根鳍棘

19（20）头部腹面无须；第二背鳍有 1 根鳍棘，18～20 根鳍条；臀鳍有 1 根鳍棘，14～16 根鳍条；纵列
鳞 52～71（复虾虎鱼属 *Acanthogobius*）… 斑尾刺虾虎鱼 *Acanthogobius ommaturus*（Richardson）

20（19）头部腹面有小须 3 对（矛尾虾虎鱼属 *Chaeturichthys*）… 矛尾虾虎鱼 *Chaeturichthys stigmatias* Richardson

吻虾虎鱼属 *Rhinogobius*
种检索表

1（4）颊部有斜纹

2（3）左右腹鳍愈合为长圆形的吸盘，后缘距肛门较近，其距离小于腹鳍长的 1/2；头部有暗色的虫状纹
及斑点，颊部有数条斜向前下方的暗色细纹；胸鳍基部上端有一黑斑 ……………………………
………………………………………… 子陵吻虾虎鱼 *Rhinogobius giurinus*（Rutter）

3（2）左右腹鳍愈合为圆盘形的吸盘，后缘距肛门颇远，其距离大于腹鳍长的 1/2 或腹鳍全长 …………
………………………………………… 溪吻虾虎鱼 *Rhinogobius duospilus*（Herre）

4（1）颊部无斜纹，胸部及腹部无小圆鳞……………… 李氏吻虾虎鱼 *Rhinogobius leavelli*（Herre）

背眼虾虎鱼亚科 Oxudercinae
属、种检索表

1（4）无下眼睑

2（3）上颌侧面至缝合部无犬齿；头长等于或小于体长的 24%；第二背鳍基底长等于或大于体长的
45%；尾鳍等于或大于体长的 19%（副平牙虾虎鱼属 *Parapocryptes*）……………………………
………………………………… 蚓形副平牙虾虎鱼 *Parapocryptes serperaster*（Richardson）

3（2）上颌侧面至缝合部具犬齿；头长等于或大于体长的 24%；第二背鳍基底长等于或小于体长的
45%；尾鳍等于或小于体长的 19%（背眼虾虎鱼属 *Oxuderces*）……………………………………
………………………………… 犬齿背眼虾虎鱼 *Oxuderces dentatus* Eydoux & Souleyet

4（1）具下眼睑

5（8）第一背鳍具 5 鳍棘

6（7）下颌有须；第一背鳍细长（青弹涂鱼属 *Scartelaos*）… 青弹涂鱼 *Scartelaos histophorus*（Valenciennes）

7（6）下颌无须；第一背鳍宽阔 100（大弹涂鱼属 *Boleophthalmus*）………………………………………………
　　　……………………………… 大弹涂鱼 *Boleophthalmus pectinirostris*（Linnaeus）

8（5）第一背鳍具 13～15 鳍棘（弹涂鱼属 *Periophthalmus*）…… 弹涂鱼 *Periophthalmus modestus* Cantor

近盲虾虎鱼亚科 Amblyopinae
属、种检索表

1（6）鳃盖上方无凹陷；眼退化；齿长而弯曲，突出于唇外

2（3）下颌缝合处后方有犬齿 1 对；胸鳍约与腹鳍等长；口裂较斜（狼牙虾虎鱼属 *Odontamblyopus*）…
　　　…………………… 拉氏狼牙虾虎鱼 *Odontamblyopus lacepedii*（Temminck & Schlegel）

3（2）下颌缝合处后方无犬齿；胸鳍小，远较腹鳍为短；口裂近于垂直（鳗虾虎鱼属 *Taenioides*）

4（5）头长大于或等于腹鳍基部后缘至肛门的距离……… 鲡形鳗虾虎鱼 *Taenioides anguillaris*（Linnaeus）

5（4）头长小于腹鳍基部后缘至肛门的距离………………………… 须鳗虾虎鱼 *Taenioides cirratus*（Blyth）

6（1）鳃盖上方有一凹陷；眼小；左右腹鳍愈合，边缘完整，漏斗状，后缘圆形或尖圆（孔虾虎鱼属
　　　Trypauchen）………………………………… 孔虾虎鱼 *Trypauchen vagina*（Bloch & Schneider）

篮子鱼科 Siganidae
篮子鱼属 *Siganus*
种检索表

1（2）背鳍中部鳍棘与侧线之间有鳞 20～23 行；体侧密布黄白色小点 ……………………………………………
　　　……………………………… 长鳍（黄斑）篮子鱼 *Siganus canaliculatus*（Park）

2（1）背鳍中部鳍棘与侧线之间有鳞 25～30 行；体侧具稀疏小黑点或云斑状块 …………………………………
　　　……………………………………… 褐篮子鱼 *Siganus fuscescens*（Houttuyn）

攀鲈科 Anabantidae
攀鲈属 *Anabas*
种检索表

背鳍起点在胸鳍基部前上方，背鳍基部较臀鳍基部长；鳃盖骨及下鳃盖骨锯齿发达，尖长 …………
　　　……………………………………… 攀鲈 *Anabas testudineus*（Bloch）

斗鱼科 Belontiidae
斗鱼属 *Macropodus*
种检索表

背鳍起点在胸鳍基部后上方，背鳍基部较臀鳍基部短；鳃盖骨无锯齿，下鳃盖骨有细锯齿 …………
　　　……………………………… 叉尾斗鱼 *Macropodus opercularis*（Linnaeus）

鳢科 Channidae
鳢属 *Channa*
种检索表

1（6）有腹鳍

2（5）头较窄，头长为眼间隔的 4.0 倍以上；头顶及鳃盖骨鳞片较小，侧线鳞 45 以上

3（4）背鳍条 47～50，起点在腹鳍前上方；臀鳍鳍条 31～36；侧线鳞 60～69；尾鳍无弧形横斑 ……
　　　………………………………………… 乌鳢 *Channa argus*（Cantor）

4（3）背鳍条 38～45，起点约在腹鳍上方；臀鳍鳍条 26～29；侧线鳞 50～56；尾鳍有 2～3 条弧形
　　　横斑 ………………………………………… 斑鳢 *Channa maculata*（Lacépède）

5（2）头较宽，头长为眼间隔的 4.0 倍以下；头顶鳞片较大，侧线鳞 42～44 ……………………
………………………………………………… 宽额鳢 *Channa gachua*（Hamilton）
6（1）无腹鳍 ……………………………………………… 月鳢 *Channa asiatica*（Linnaeus）

刺鳅科 Mastacembelidae
刺鳅属 *Mastacembelus*
种检索表

前鳃盖骨后缘有几根棘；臀鳍仅 2 根鳍棘外露，第三鳍棘埋于皮下；体侧有较大的网状斑块 …………
…………………………………………… 大刺鳅 *Mastacembelus armatus*（Lacépède）

鲉形目 SCORPAENIFORMES

鲬科 Platycephalidae
鲬属 *Platycephlus*
种检索表

体平扁，延长，向后渐狭小；头平扁，棘和棱显著；体被小栉鳞，吻部及头部腹面无鳞；侧线平直 …
…………………………………………………… 鲬 *Platycephalus indicus*（Linnaeus）

鲽形目 PLEURONECTIFORMES
科检索表

1（4）前鳃盖骨边缘多少呈游离状（木叶鲽属例外）；口通常前位；下颌发达，大多突向前方；无眼侧鼻
孔位置较高，接近头部背缘；视神经交叉呈单型；每侧有一或二后匙骨；肋骨存在；胸鳍发达；
腹鳍通常有 6 鳍条（鲽总科 Plouronectoidne）
2（3）两眼均位于头部左侧（偶有反常个体）；右眼神经位于背方 ………………… 鲆科 Bothidae
3（2）两眼均位于头部右侧（偶有反常个体）；左眼神经位于背方 ……………… 鲽科 Pleuronectidae
4（1）前鳃盖骨边缘不呈游离状，被以皮肤与鳞片；口呈前位乃至下位；下颌不甚发达，决不突向前方；
左右侧鼻孔位置略呈对称；视神经交叉呈二型；无后匙骨；无下肋骨；成鱼的胸鳍多呈废退状
或不存在；腹鳍通常最多有 5 鳍条（鳎总科 Soleoidao）
5（6）两眼均位于头部的右侧 ……………………………………………… 鳎科 Soleidae
6（5）两眼均位于头部的左侧 ……………………………………… 舌鳎科 Cynoglossidae

鲆科 Bothidae
花鲆属 *Tephrinectes*
种检索表

两颌各有牙数行，排列呈带状。背鳍与臀鳍的鳍条均不被鳞且分枝 … 花鲆 *Tephrinectes sinensis*（Lacépède）

鲽科 Pleuronectidae
鲽属 *Samaris*
种检索表

无眼侧无胸鳍；腹鳍基底颇长；侧线鳞多于 50；尾鳍鳍条不分枝 ……………… 鲽 *Samaris cristatus* Gray

鳎科 Soleidae
鳎属 *Solea*
种检索表

背鳍和臀鳍不与尾鳍相连 ·· 卵鳎 *Solea ovata* Richardson

舌鳎科 Cynoglossidae
种检索表

1（2）有眼侧有侧线 3 条；侧线鳞 110～130，上、中侧线间鳞 18～23 ···
·· 三线舌鳎 *Cynoglossus trigrammus* Günther

2（1）无眼侧有侧线 1 条；侧线鳞 100～108，侧线间鳞 20～21 ········· 中华舌鳎 *Cynoglossus sinicus* Wu

鲀形目 TETRAODONTIFORMES

鲀科 Tetraodontidae
东方鲀属 *Takifugu*
种检索表

1（2）胸鳍后上方大黑斑及背鳍基部大黑斑均有橙色边缘 ······ 弓斑东方鲀 *Takifugu ocellatus*（Linnaeus）

2（1）胸鳍后上方体侧有 1 个镶有模糊白边的黑色圆形大斑 ········· 暗纹东方鲀 *Takifugu obscurus*（Abe）

雀鳝目 LEPISOSTEIFORMES

雀鳝科 Lepisosteidae
雀鳝属 *Lepisosteus*
种检索表

体延长成圆柱状 ·· 斑点雀鳝 *Lepisosteus oculatus* Winchell

脂鲤目 CHARACIFORMES

脂鲤科 Characidae
肥脂鲤属 *Piaractus*
种检索表

侧扁成盘状，自胸鳍基部至肛门有略呈锯状的腹棱鳞，背部有脂鳍 ·······································
·· 短盖肥脂鲤 *Piaractus brachypomus*（Cuvier）

主要参考文献

陈兼善，于名振．1986．台湾脊椎动物志．台北：台湾商务印书馆．

陈炜，郑慈英．1985．中国塘鳢科鱼类的三新种．暨南大学学报（自然科学版），（1）：73-80．

陈义雄，方力行．1999．台湾淡水及河口鱼类志．屏东：海洋生物博物馆筹备处：180-257．

褚新洛，郑葆珊，戴定远，等．1999．中国动物志　硬骨鱼纲　鲇形目．北京：科学出版社．

邓凤云，张春光，赵亚辉，等．2013．东江源头区域鱼类物种多样性及群落组成的特征．动物学杂志，
　　48（2）：162-173．

高文峰．2010．东江（惠州段）鱼类资源与保护对策．江西水产科技，（4）：37-39．

郭治之，刘瑞兰．1995．江西鱼类的研究．南昌大学学报（理科版），（3）：222-232．

黄家明，赵会宏，李羽，等．2007．新丰江水库鱼类资源调查．华南农业大学学报，28（增刊）：22-26．

乐佩琦，等．1999．中国动物志　硬骨鱼纲　鲤形目　下卷．北京：科学出版社．

李本旺，蓝昭军，李强，等．2011．东莞淡水和河口鱼类资源状况调查．南方水产科学，7（2）：22-28．

李桂峰，等．2012．广东淡水鱼类资源调查与研究．北京：科学出版社．

李思忠．1965．黄河鱼类区系的探讨．动物学杂志，7（5）：217-222．

李思忠．1981．中国淡水鱼类的分布区划．北京：科学出版社．

林书颜．1931．南中国鲤鱼及似鲤鱼类之研究．广州：广东建设厅水产试验场．

林小涛，张洁．2013．东江鱼类生态及原色图谱．北京：中国环境出版社．

刘毅，林小涛，孙军，等．2011．东江下游惠州河段鱼类群落组成变化特征．动物学杂志，46（2）：1-11．

潘炯华．1991．广东淡水鱼类志．广州：广东科技出版社．

邵广昭，陈正平，沈世杰．1991．滩钓的鱼．台北：渡假出版社有限公司：156-158．

沈世杰．1984．台湾的鱼类检索．台北：南天书局．

沈世杰．1993．台湾鱼类志．台北：国立台湾大学动物学系印行．

谭细畅，李跃飞，李新辉，等．2012．梯级水坝胁迫下东江鱼类产卵场现状分析．湖泊科学，24（3）：
　　443-449．

伍汉霖，钟俊生，等．2008．中国动物志　硬骨鱼纲　鲈形目（五）　虾虎鱼亚目．北京：科学出版社．

伍献文，杨干荣，乐佩琦，等．1963．中国经济动物志——淡水鱼类．北京：科学出版社．

叶富良，杨萍，宋蓓玲．1991．东江鱼类区系研究．湛江水产学院学报，（02）：1-7．

张春光，赵亚辉，等．2015．中国内陆鱼类物种与分布．北京：科学出版社．

张春霖，等．1955．黄渤海鱼类调查报告．北京：科学出版社：197-231．

赵会宏，崔科，甘炼，等．2007．东江鱼类资源调查结果初报．华南农业大学学报，28（增刊）：52-56．

中国科学院动物研究所，中国科学院海洋研究所，上海水产学院．1962．南海鱼类志．北京：科学出版
　　社：773-832．

周解，张春光．2006．广西淡水鱼类志．第二版．南宁：广西人民出版社．

郑慈英．1989．珠江鱼类志．北京：科学出版社．

郑慈英．1990．丁氏缨口鳅（*Crossostoma tinkhami* Herre）的重新描述．暨南大学学报，11（3）：51-53．

郑慈英，陈宜瑜．1980．广东省的平鳍鳅科鱼类．动物分类学报，5（1）：89-101．

朱元鼎. 1985. 福建鱼类志. 下卷. 福州: 福建科学技术出版社: 325-382.

朱元鼎, 伍汉霖. 1965. 中国虾虎鱼类动物地理学的初步研究. 海洋与湖沼, 7 (2): 122-140.

朱元鼎, 张春霖, 成庆泰, 1963. 虾虎鱼亚目. 东海鱼类志. 北京: 科学出版社: 412-450.

珠江水系渔业资源调查编委会. 1985. 珠江水系渔业资源调查研究报告　第一分册: 409-457.

邹多录. 1988. 江西省寻乌水的鱼类资源. 动物学杂志, 23 (3): 15-17.

Here A W. 1932. Fisher from Kwangtung province and Hainan Island, China. Lingnan Sci., 11 (3): 423-442.

Kimura S. 1935. The fresh water fishes of the Tsung-Ming Island, China. J. Shanghai Sci. Inst., (3) 3: 99-120.

Lin S Y. 1934. Three new fresh-water fishes of Kwangtung province. Lingnan Sci. J., 13 (2): 225-230.

Yu M Z. 1996. Checklist of vertebrates of Taiwan. Biolog. Bull. Tunghai Univ. Taiwan, 72: 73-79.

中文名索引

拉丁学名索引